Sitzungsberichte
der Akademie der Wissenschaften
der DDR
Mathematik – Naturwissenschaften – Technik

6 N
1976

Schadstoffemission und Ausbreitung

AKADEMIE-VERLAG · BERLIN

Sitzungsberichte
der Akademie der Wissenschaften
der DDR
Mathematik — Naturwissenschaften — Technik

Jahrgang 1976 · Nr. 6/N

Schadstoffemission und Ausbreitung

AKADEMIE-VERLAG · BERLIN
1976

Vorträge, gehalten in den Sitzungen
der Klasse Umweltschutz und Umweltgestaltung am 17. Oktober 1974 und
23. Oktober 1975.

Herausgegeben im Auftrage
des Präsidenten der Akademie
der Wissenschaften der DDR
von Vizepräsident Prof. Dr. Heinrich Scheel

Erschienen im Akademie-Verlag, 108 Berlin, Leipziger Straße 3–4

Lizenznummer: 202 · 100/172/76
P 128/76
Gesamtherstellung: VEB Druckhaus Köthen
Bestellnummer: 753 148 2 (2010/76/6 N) · LSV 3235
Printed in GDR
DDR 5,– M

Inhalt

Werner Altmann

Kraftwerk und Umwelt

1. Einführung

In den acht Jahrzehnten seit dem ersten großtechnischen Versuch einer Energiefernübertragung (Lauffen — Frankfurt/Main 1891) hat sich die Elektroenergie als die fördernde und universell einsetzbare Kraft erwiesen, von der das Wachstum der industriellen Produktion und des Lebensniveaus der Gesellschaft in entscheidendem Maße beeinflußt werden. Der Zusammenhang zwischen Elektroenergieerzeugung und Nationaleinkommen ist unverkennbar (Abb. 1) und trägt offensichtlich den Charakter einer Gesetzmäßigkeit. Andererseits stel-

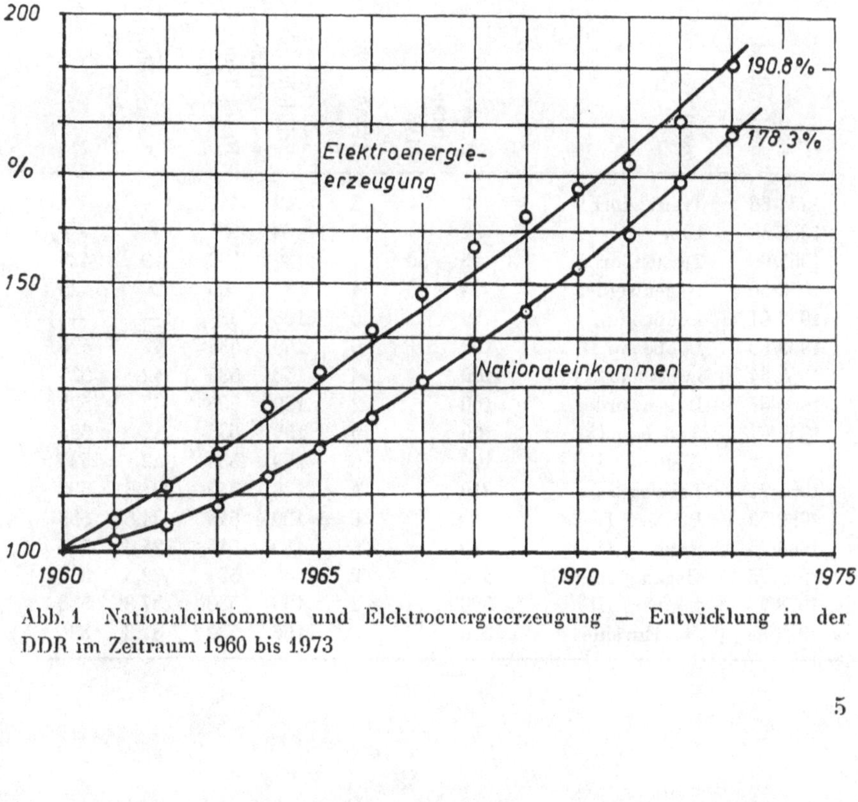

Abb. 1 Nationaleinkommen und Elektroenergieerzeugung — Entwicklung in der DDR im Zeitraum 1960 bis 1973

len Vorbereitung, Bau und Betrieb der Energieanlagen selbst durch hohen Kosten- und Arbeitskräfteaufwand eine extreme Belastung der Volkswirtschaft dar. Durch eine sich ständig ausweitende Gütererzeugung und die lebhafte Bedarfsentwicklung des privaten Sektors ist aller Voraussicht nach noch für lange Zeiträume mit einer unvermindert anhaltenden Zuwachsrate des Elektroenergieverbrauches von 6 bis 7%/a zu rechnen. Die damit notwendig werdende Verdopplung der Kraftwerksleistung aller 10 bis 12 Jahre wird sich unter den Bedingungen eines praktisch konstant bleibenden Arbeitskräftepotentials nur bei einer adäquaten Steigerung der Arbeitsproduktivität innerhalb der Energiewirtschaft und des Energiemaschinenbaues realisieren lassen.

Die in diesem Zusammenhang wichtigste Aufgabe der Kraftwerkstechnik muß in der Ausschöpfung aller Möglichkeiten einer Aufwandsdegression gesehen werden. Lösungswege sind durch den Übergang zu immer größeren Einheitsleistungen (Tab. 1), die Bevorzugung der Monotechnik, die zunehmende Konzentration der Leistungsquellen und schließlich durch die Entwicklung

Tabelle 1
Entwicklung der konventionellen Kraftwerke in der DDR

Jahr Bau-beginn/Ende	Kraftwerk	Block-leistung MW	Anzahl der Blöcke	Frischdampf vor Turbine Druck at	Temp. °C	Zwischendampf Druck at	Temp. °C
1954/56	Trattendorf III	25	6	42	450	—	—
1955/59	Elbe	32	12	80	500	—	—
1955/60	Trattendorf I	25 + 50	4	132	500	19	425
1956/60	Hagenwerder I	25 + 50	4	132	500	19	425
1957/61	Lübbenau I	50	6	106	535	—	—
1959/63	Lübbenau II	100	6	150	535	42	525
1960/64	Lübbenau III	100	4	150	535	42	525
1960/63	Hagenwerder II	100	2	150	535	42	525
1959/67	Vetschau I	100	6	150	535	42	525
	Vetschau II	100	6	150	535	42	525
1965/71	Thierbach	210	4	130	545	24,6	535
1966/72	Boxberg I	210	6	130	545	24,6	535
1968/75	Boxberg II	210	6	130	545	24,6	535
1969/75	Hagenwerder III	500	2	166	530	32,3	535
1973/78	Boxberg III	500	2	166	530	37,3	535
1973/84	Jänschwalde	500	6	166	530	37,3	535

neuer, effektiverer Wirkprinzipien gegeben. Gemessen an anderen Industriezweigen ist hier die Tragweite der bei Projektierung, Konstruktion, Betrieb und Instandhaltung zu treffenden Entscheidungen überdurchschnittlich groß. Bei den Dimensionen der Kraftwerksanlagen und den dafür aufzubietenden finanziellen Mitteln können konzeptionelle Mängel, Verzögerungen und auch falsche Bedien- und Reparaturhandlungen ein Ausmaß annehmen, das durchaus entwicklungshemmend auf Industrie und Nationaleinkommen zu wirken vermag.

Gleichrangig neben der Beherrschung der Arbeitsproduktivität steht die mit dem Anwachsen der Energieerzeugung immer stärker um sich greifende Umweltbeeinflussung durch Ausstoß schädlicher gasförmiger Reaktionsprodukte, Anfall großer Rückstandsmengen, Schallwirkungen und nicht zuletzt die aus den Anlagen abzuführenden beträchtlichen Abwärmeströme, die überaus schwerwiegende Konsequenzen für die Kraftwerkstechnik und den Lebensraum mit sich bringen. Als neues Problem ist mit dem Aufkommen der Kernenergetik die Gewährleistung der nuklearen Sicherheit für die Umwelt in den Vordergrund getreten.

Elektroenergie wird in der DDR nahezu ausschließlich auf thermischem Wege produziert. In erster Linie dienen hierzu Anlagen, in denen die technische Realisierung des Clausius-Rankine-Wasserdampfprozesses erfolgt. Daneben wird zu einem kleinen Teil Elektroenergie in schnellstartfähigen Gasturbinen gewonnen. Trotz des Vorranges der Wärmekraftwerke hat auch die Wasserkraft in Form von Pumpspeicherwerken eine zunehmende Rolle als Energiespeicher und Spitzenleistungsquelle zu spielen.

Die Dampfkraftwerke (Abb. 2) bestehen aus einem Dampferzeugungssystem, in dem die in einer Wärmequelle durch Verbrennung oder Kernreaktion entbundene thermische Energie an das Kreisprozeßmedium Wasser/Wasserdampf übertragen wird. Durch Expansion des Arbeitsmittels in einer Dampfturbine erfolgt eine Energieumwandlung in mechanische und im unmittelbar verbundenen Drehstromgenerator in elektrische Energie, die über das Verbundnetz zum Verbraucher gelangt. Je nach der technischen Konzeption werden innerhalb des Kraftwerkes Umwandlungswirkungsgrade zwischen 25 und 43% erzielt. Nach Abgabe seiner Arbeitsfähigkeit gelangt der aus der Turbine austretende Abdampf in den Kondensator, wo das Arbeitsmittel durch Kühlung wieder in die flüssige Phase zurückverwandelt wird. Als Folge der Gesetzmäßigkeiten des thermodynamischen Kreisprozesses müssen in diesem Funktionselement zwischen 48 und 66% der im Brennstoff zugeführten thermischen Energie als Abwärme abgeführt und aus dem Kühlmedium an die Umgebung übertragen werden.

Kondensat- und Speisepumpen fördern das Arbeitsmittel zum Dampferzeu-

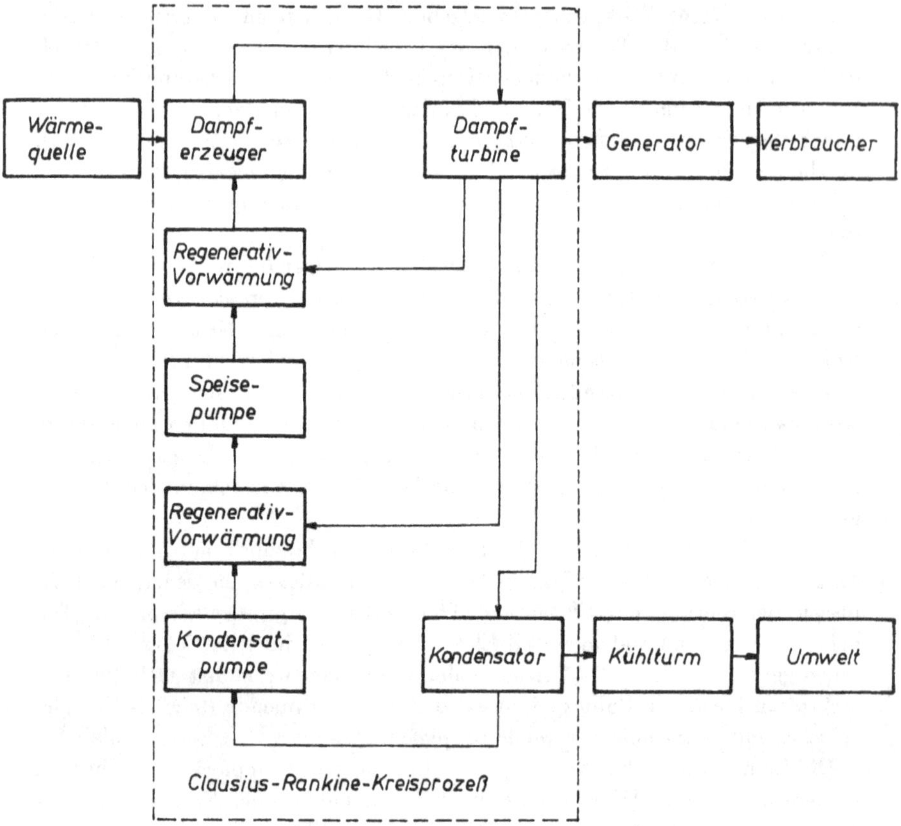

Abb. 2 Wirkungsablauf im Dampfkraftwerk

ger zurück, und der Kreisprozeß beginnt von neuem. Zur Wirkungsgradverbesserung ist zwischen Kondensator und Dampferzeuger eine mit Anzapfdampf aus der Turbine beheizte regenerative Speisewasservorwärmung eingeschaltet, durch die ein Teil der Verdampfungswärme des Wasserdampfes dem Kreislauf erhalten bleibt, die sonst im Kondensator verlorengehen würde.

2. *Dampfkraftwerke auf Rohbraunkohlenbasis*

Unter den Primärenergiebedingungen der DDR erfolgt die Elektroenergieerzeugung gegenwärtig zu 83% in Braunkohlekraftwerken (Abb. 3) auf der Grundlage einer wasser- und aschereichen Rohkohle mit Heizwerten zwischen

7000 und 10 000 kJ/kg, die noch über Jahrzehnte eine dominierende Stellung in der Energiewirtschaft beibehalten wird.

Die Gewinnung der Kohle in Tagebauen bedeutet eine tiefgreifende Veränderung der Landschaft und ist vom Grubenaufschluß bis zur Rekultivierung nach erfolgter Auskohlung über lange Zeiträume mit Flächenverlusten für die Land- und Forstwirtschaft, wie auch mit nachhaltigen Beeinflussungen des Wasserhaushaltes, verbunden. Für den Transport der Kohle von der Grube zum Kraftwerk herrscht der Zugverkehr mit fernbedienbaren Großraumwagen (1) vor. Bei günstiger Standortlage kann auch einer direkten Bekohlung über Langstrecken-Gurtförderanlagen der Vorzug gegeben werden.

Nach Entleerung der Kohlezüge in einen Entladebunker (2) wird der grobstückige Brennstoff über Bandanlagen (3) einem Brecher (6) zur Vorzerkleinerung zugeleitet und anschließend in den Bunker (8) des Dampferzeugers (9) transportiert.

Kohlemühlen (10), denen eine Trocknung, Feinzerkleinerung, Sichtung und eine pneumatische Förderung des Brennstoffes obliegen, führen über Brenner den verbrennungsreif aufbereiteten Kohlenstaub dem durch Heizflächenrohre allseitig gekühlten Feuerraum des Dampferzeugers zu. Hier erfolgt in einem komplizierten, von aerodynamischen, diffusions- und reaktionskinetischen Wirkungsabläufen abhängigen Prozeß die Wärmeentbindung durch Verbrennung in der Schwebe.

Flammenkörper und strömendes Rauchgas übertragen durch Strahlung und Konvektion die Wärme an Vorwärmer- (11, 14), Verdampfer- sowie Überhitzer-Heizflächen (12, 13) und erzeugen überhitzten Wasserdampf von hohem Druck und hoher Temperatur in der Größenordnung von 175 bar und 535 °C.

Das bei der Verbrennung gebildete Rauchgas verläßt den Dampferzeuger nach Durchströmung des Luftvorwärmers (14) als letzter Heizfläche mit einer Temperatur von etwa 140 bis 180 °C, durchläuft den Elektrofilter (15) zur Abscheidung der mitgeführten Ascheanteile und tritt über den bis zu 300 m hoch ausgeführten Schornstein (21) in die Atmosphäre über.

Neben einer Abwärmemenge von 10 bis 15% der umgesetzten Brennstoffwärme und einem Reststaubgehalt gelangen mit diesem Gasstrom SO_2, CO_2, N_2, Stickoxide, Aerosole, Spuren von Chlor, Fluor und bei unvollkommener Verbrennung auch geringe Mengen von CO und Kohlenwasserstoffen in die Umgebung.

Der Dampferzeuger als kombiniertes Funktionselement gleichermaßen zur Wärmeentbindung wie zur Wärmeübertragung ist über die Frischdampfleitung an die mehrgehäusige Dampfturbine angeschlossen. In der Beschauflung des Hochdruckteiles (22) erfolgt die Entspannung bis auf ein Druckniveau von 30 bis 40 bar, bei dem der Dampf nochmals zum Zwecke einer technologisch not-

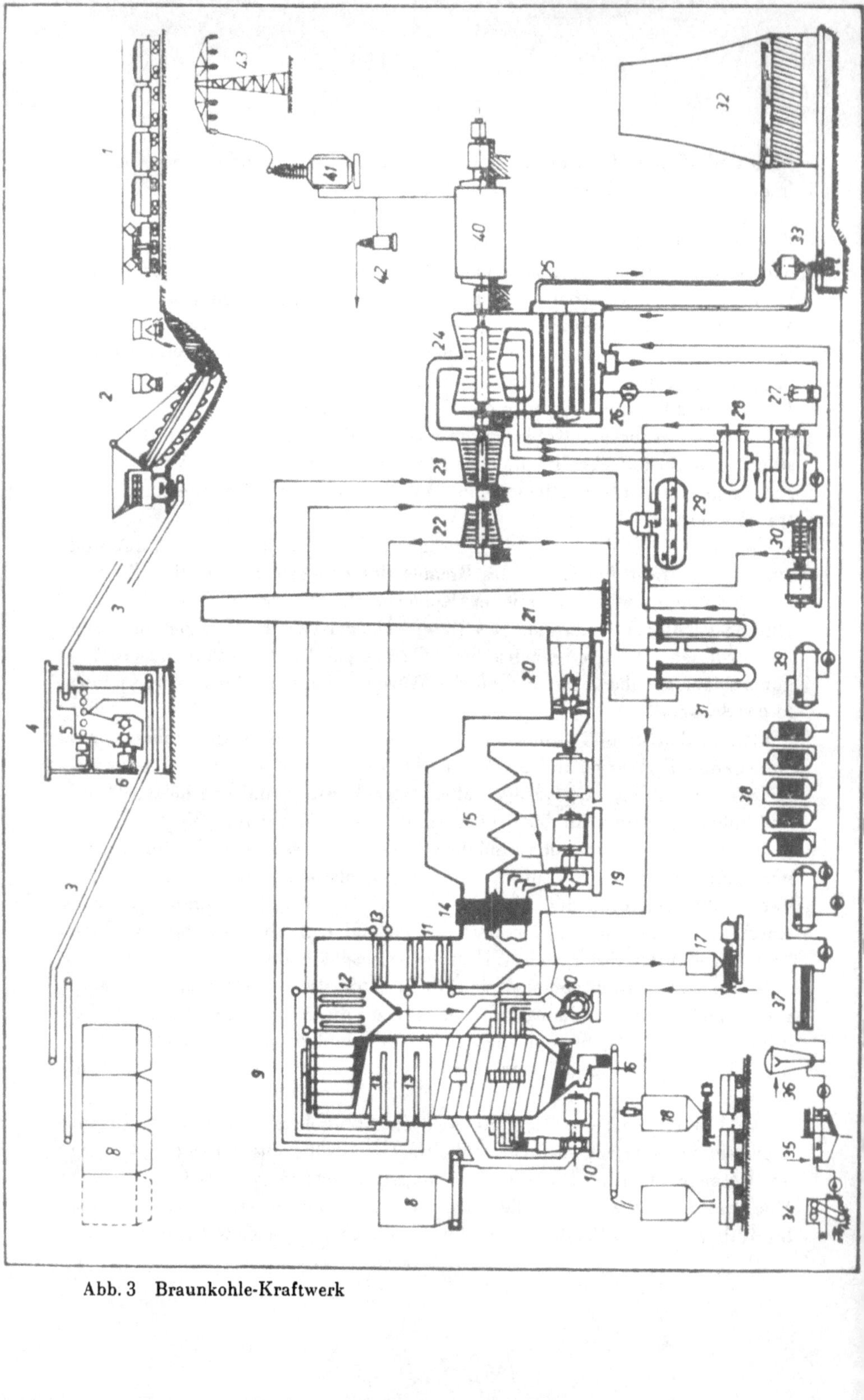

Abb. 3 Braunkohle-Kraftwerk

1	Kohlezug	23	Mitteldruckteil
2	Entladebunker	24	Niederdruckteil
3	Förderbandanlagen	25	Kondensator
4	Brecherturm	26	Strahlluftsauger
5	Siebrollenrost	27	Kondensatpumpe
6	Stachelwalzenbrecher	28	Niederdruckvorwärmer
7	Magnetabscheider	29	Speisewasserbehälter/Entgaser
8	Kohlebunker	30	Speisepumpe
9	Dampferzeuger	31	Hochdruckvorwärmer
10	Kohlemühlen	32	Kühlturm
11	Speisewasservorwärmer	33	Kühlwasserpumpe
12	Hochdrucküberhitzer	34	mechanische Wasseraufbereitung
13	Zwischenüberhitzer	35	Absetzbehälter
14	Luftvorwärmer	36	Entkarbonisierung
15	Elektrofilter	37	Kiesfilter
16	Naßentaschung	38	Vollentsalzungsanlage
17	pneumatische Entaschung	39	Deionat-Vorratsbehälter
18	Trockenaschebunker	40	Drehstrom-Generator
19	Frischlüfter	41	Blockumspanner
20	Saugzug	42	Eigenbedarfsumspanner
21	Schornstein	43	Freileitung Verbundnetz
22	Hochdruckteil Dampfturbine		

wendigen (Vermeidung einer Erosionsbeanspruchung der Endstufenschaufeln durch Wassertropfen) und thermodynamisch zweckmäßigen (Wirkungsgradgewinn) Zwischenüberhitzung (13) zum Dampferzeuger zurückgeführt wird.

Die weitere Expansion erfolgt dann im Mitteldruckteil (23) der Turbine, an das sich ein mehrflutiges Niederdruckteil (24) anschließt. Die mit der Entspannung einhergehende Volumenvergrößerung des Dampfstromes erfordert zunehmend größere Turbinenschaufeln, wodurch bei Großturbinen Schaufellängen von mehr als einem Meter verwirklicht werden müssen.

Direkt mit der Turbinenwelle gekuppelt ist der zur Abführung der hier entstehenden Verlustwärme mit einer Wasserstoff- und Wasserkühlung ausgerüstete Generator (40). Dieser eigentliche Stromerzeuger, dessen Betrieb den komplizierten Aufwand des Wärmekreislaufes voraussetzt, ist über einen Maschinenumspanner (41) an das bei Spannungen von 110, 220 und 380 kV arbeitende Verbundnetz angeschlossen.

Die Hochspannungsleitungen (43) erfordern bei der Spannungsstufe 380 kV einen Schutzstreifen von 70 m, wodurch bei Trassenführungen durch Waldbestände der Forstwirtschaft erhebliche Flächenverluste entstehen.

Zur Kondensation des Turbinenabdampfes im Kondensator (25) wird die etwa 50fache Kühlwassermenge gebraucht. Bei einem 3000 MW-Kraftwerk sind das 420 000 t/h entsprechend 39% der mittleren Wasserführung der Elbe bei Dresden.

Da ein entsprechender Massenstrom nur noch in seltenen Fällen aus natürlichen Gewässern gedeckt werden kann, muß das erwärmte Wasser meist rückgekühlt werden. Das geschieht durch Verrieselung in Kühltürmen (32), in denen ein Teil des Wassers verdunstet und dabei soviel Wärme an die Umgebung abführt, daß das Kühlmedium mit 8 bis 10 K erniedrigter Temperatur erneut dem Kondensator zugeführt werden kann. Für den Abkühlvorgang muß dem Kühlwasserstrom in speziellen Kühlturmeinbauten durch Versprühen in Tropfen oder Erzeugung von Rieselfilmen eine große Oberfläche erteilt werden, auf der im Kontakt mit einer intensiven Luftströmung ein Wärme- und Stoffübertragungsvorgang stattfindet.

Der Verdunstungsprozeß führt eine Wassermenge aus dem Kühlturmkreislauf fort, die annähernd der im Kondensator niederzuschlagenden Abdampfmenge entspricht. Bei Rückkühlbetrieb sind deshalb nicht unbeträchtliche Kühlturm-Zusatzwassermengen aufzubringen, die bei großen Anlagen für die Wasserwirtschaft des Territoriums eine spürbare Belastung bedeuten. Ein Kraftwerk der oben genannten Ausbauleistung beansprucht etwa 6500 t/h Frischwasser für diesen Zweck.

Die aus den über 100 m hohen Kühlturmschloten ausströmende feuchte und mit Tropfen beladene Luft verursacht bei entsprechender Wetterlage eine starke örtliche Nebelbildung oder ein Abregnen, wodurch das betroffene Gebiet belästigt oder schließlich geschädigt werden kann. Insbesondere treten bei ungünstigen Standortbedingungen Gefährdungen der Verkehrswege durch die Kühlturmschwaden ein. Wie auch andere Funktionselemente des Kraftwerkes wirken die Kühltürme als intensive Schallsender mit einem Frequenzspektrum bis in das Ultraschallgebiet, die Gegenmaßnahmen in Form aufgeschütteter Erdwälle bis zur Höhe der Rieseleinbauten und Baumbepflanzungen als Geräuschhindernis verlangen.

Das im Kondensator anfallende Wasser wird von Kondensatpumpen (27) durch hintereinandergeschaltete Niederdruckvorwärmer (28) der regenerativen Speisewasservorwärmanlage zum Speisewasserbehälter (29) gefördert. Dieser dient als Ausgleichsorgan für die unterschiedlichen Dampfvolumina im Gefäßsystem des Arbeitsmittelkreislaufes bei An- und Abfahrvorgängen und Laständerungen wie auch als Notreserve bei Störungen. Gleichzeitig arbeitet er als Vorwärmstufe und erfüllt durch einen aufgesetzten Rieselturm die Funktion als Entgaser zur Entfernung korrosiv wirkenden Sauerstoffs aus dem Speisewasser.

Anschließend transportiert die Speisepumpe (30) das Wasser durch die ebenfalls zur Regenerativvorwärmung gehörigen Hochdruckvorwärmer (31) zum Dampferzeuger, womit der Arbeitskreislauf geschlossen ist.

Der fördernden Kraft Elektroenergie verdanken wir einen Großteil unseres Wohlstandes. Mit ihrer immer stärkeren Inanspruchnahme ergeben sich aber Rückwirkungen auf unseren Lebensbereich, die wirksame Gegenmaßnahmen verlangen.

Solange fossile Brennstoffe in großem Maßstab als Primärenergieträger dienen, basieren die Energieerzeugungsverfahren auf dem Verbrennungsprozeß, durch den erhebliche Mengen schadstoffhaltiger Rauchgase in die natürliche Atmosphäre gelangen.

Auch die aus den Kraftwerken abzuführende, als Verbrennungsrückstand anfallende Brennstoffasche von mehr als $10 \cdot 10^6$ t/a (1973) ist bezüglich ihrer Ablagerung nicht ohne Probleme, indem die Halden schwer rekultivierbar sind, das Landschaftsbild beeinträchtigen und auch wasserwirtschaftliche Auswirkungen zeigen. Die mit einem gegenwärtigen Durchschnitt des spezifischen Wärmeverbrauches von 12 500 kJ/kWh bzw. einem Umwandlungswirkungsgrad von 29% arbeitenden Kraftwerke aller Altersklassen belasten die Umwelt mit einer technisch praktisch nicht mehr verwertbaren Abwärmemenge, die sich im Jahre 1973 auf $700 \cdot 10^{12}$ kJ belaufen hat. Vergleichsweise entspricht dieser Abwärmestrom dem jährlichen Wärmeenergiebedarf von $13{,}4 \cdot 10^6$ Wohnungseinheiten.

Erwähnung fand bereits, daß die Anlagen zur Energieerzeugung Schallsender großen Ausmaßes darstellen, die ihrer Umgebung einen hohen Schallpegel aufprägen.

Das ökologische System der belebten Natur vermag zwar gegenüber beträchtlichen Umweltveränderungen seine Stabilität zu bewahren, es wird jedoch beim Überschreiten von Grenzen oder durch das Auftreten von Bedingungen und Substanzen, für die eine Anpassung fehlt, in seinem Bestand gefährdet.

Im Jahre 1973 wurden in der DDR $246 \cdot 10^6$ t Rohbraunkohle gefördert, wovon 45% bei der Elektroenergieerzeugung zum Einsatz kamen. Von den Kraftwerken sind damit in rund $500 \cdot 10^9$ m^3_N /a Rauchgas ungefähr

$115 \cdot 10^6$ t/a CO_2
$2.6 \cdot 10^6$ t/a SO_2
$0.06 \cdot 10^6$ t/a NO_x
$0.85 \cdot 10^6$ t/a Staub

in die Atmosphäre abgegeben worden. Der mit 55% größere Anteil des Braunkohleaufkommens wurde im wesentlichen in Haushalten und Industrieanlagen vorwiegend als Briketts verbrannt, womit die Emission von Schadstoffen in dieser Verbrauchergruppe die der Kraftwerke noch übertrifft. Da es sich hier um Feuerstätten mit niedrigerer Schornsteinhöhe handelt und in vielen Fällen die Verbrennungstechnik mangelhaft ist, dürfen die Kraftwerke nicht als alleinige Verursacher der Luftverunreinigung angesehen werden.

Bezüglich der CO_2-Produktion werden Bedenken geäußert, daß sich mit zunehmendem Verbrauch fossiler Brennstoffe zukünftig eine Erhöhung der CO_2-Konzentration in bodennahen Luftschichten ergeben und dadurch Veränderungen in Klima und Vegetation eintreten könnten. Bei den dabei betrachteten Zeiträumen erwächst daraus offenbar keine ernste Gefahr. Außerdem wird mit geo- und hydrochemischen sowie biologischen Gleichgewichtsprozessen gerechnet, die für eine annähernde Konstanz der CO_2-Konzentration in der Luft sorgen.

Problematischer sind die Emissionen von Flugasche, Schwefeldioxid, Stickoxid und weiteren Spurenschadstoffen.

Die Rauchgase einer Rohbraunkohlen-Feuerung enthalten für unsere Verhältnisse bei Verbrennung in Staubform etwa 15 g/m_N^3 Flugasche im Rauchgas, aus dem bei einem gut konstruierten und gewarteten Elektrofilter mindestens 95% abgeschieden werden können.

Bei einem 3000 MW Kraftwerk gelangen bei einer Rauchgasmenge von $20 \cdot 10^6$ m_N^3/h unter diesen Betriebsbedingungen ständig noch 15 t/h Flugasche in die Atmosphäre. Nach den Erfahrungen der zurückliegenden Zeit weicht jedoch der Dauerabscheidegrad von Elektrofiltern vom Auslegungsabscheidegrad vielfach erheblich ab und geht nicht selten bis auf 80% zurück. Die von einer derartigen Anlage tatsächlich ausgeworfene Aschemenge erhöht sich dann auf 63 t/h, die sich in der näheren und weiteren Umgebung des Kraftwerkes niederschlägt. Bezieht man den weiter oben genannten Wert von $0.85 \cdot 10^6$ t/a Staubauswurf aller Kraftwerke auf die rund 100 000 km^2 betragende Fläche der DDR, dann entfallen 8.5 g/a auf einen m^2.

Die fortwährende Ablagerung der meist alkalisch reagierenden Braunkohlen-Flugasche verändert die Bodenbeschaffenheit und beeinflußt insbesondere in Waldgebieten die Vegetation.

Auf den menschlichen Organismus wirkt der Staub nicht allein belästigend. Die Lunge steht mit einer aktiven Oberfläche von 120—150 m^2 im ständigen Austausch mit der umgebenden Atmosphäre. Wenn in den täglich durchgesetzten 10—12 m^3 Luft die Staubkonzentration zu groß ist, wird der Reinigungsmechanismus überfordert und es kommt zu krankhaften Veränderungen oder zu allergischen Reaktionen der Atmungsorgane. So war nach Inbetriebnahme des Kombinates Schwarze Pumpe in den leeseitig gelegenen Siedlungsgebieten eine auffällige Zunahme asthmatischer Erkrankungen zu verzeichnen.

Die nach der medizinischen Forschung für den menschlichen Organismus maximal zulässige Staub-Immissionskonzentration (MIK) von 0.15 mg/m_N^3

wird in der Dresdner Innenstadt nicht zuletzt durch ein überaltertes Heizkraftwerk mit Durchschnittswerten von 0.162 mg/m^3_N überschritten und stellt die höchste in der DDR ermittelte Luftverunreinigung dar. Es folgt das durch die Industrie stark belastete Halle mit 0.133 mg/m^3_N. Daß bei einer austauscharmen geographischen Lage selbst Kurorte ohne Fabriken durch den Hausbrand relativ hohe Staubkonzentrationen aufweisen, läßt sich in Bad Elster mit immerhin 0.070 mg/m^3_N feststellen. Die Ascheabscheidung mit Elektrofiltern, in denen die Staubpartikel unter dem Einfluß elektrostatischer Felder bei Spannungen von 40 bis 60 kV aus dem Rauchgas entfernt werden, ist technisch als gelöst zu betrachten. Bei Anlagen mit drei Abscheidestufen läßt sich ein Abscheidegrad von über 99% erzielen. Die Anlagenkosten erhöhen sich allerdings beim Übergang von 95% auf 99,5% um den Faktor 1,5 bis 2.

Im elektrischen Entstauber (Abb. 4) strömt das staubbeladene Gas durch eine Anordnung aus Sprühelektroden, die an negativer Gleichspannung liegen,

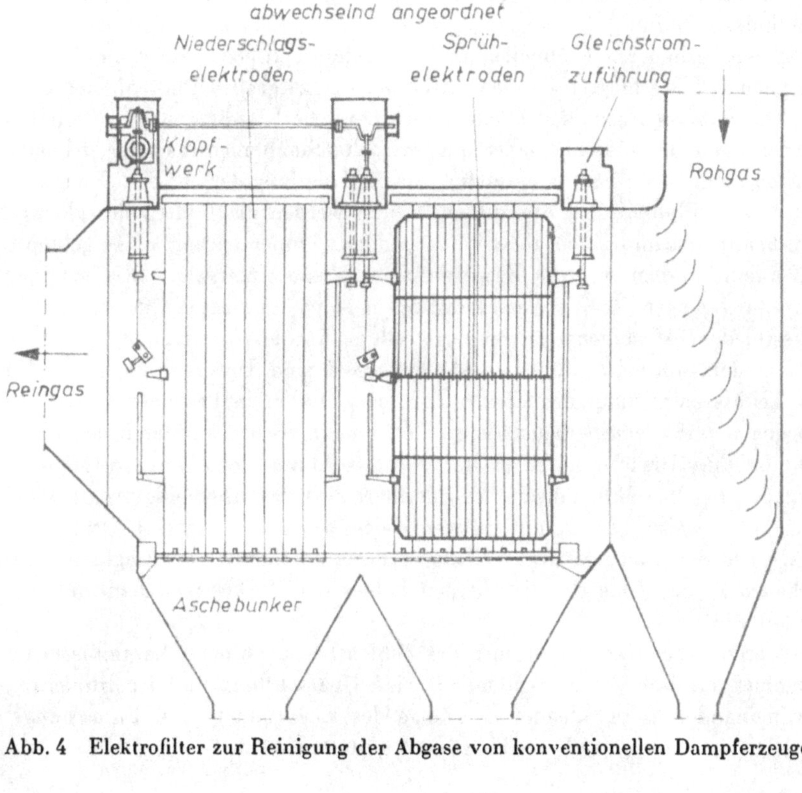

Abb. 4 Elektrofilter zur Reinigung der Abgase von konventionellen Dampferzeugern

und großflächigen positiv geladenen Niederschlagselektroden hindurch. Bei der hohen Spannungsdifferenz zwischen beiden Elektroden bildet sich an der Sprühelektrode infolge ihres geringen Durchmessers eine so hohe Feldstärke aus, daß es zur Elektronenemission kommt. Aus neutralen Gasmolekülen werden dabei durch Elektronenanlagerung negative Ionen. Auf ihrem Weg zu den positiven Niederschlagselektroden treffen diese auf die vom Gasstrom mitgeführten Staubteilchen und laden sie auf. Die Partikel geben an den Niederschlagselektroden ihre Ladung ab und haften dort fest. Die an den Platten abgeschiedene Asche wird durch ein mechanisches Klopfwerk zum Abfallen gebracht und soll möglichst in Fladen in die Aschetrichter gelangen.

Das eigentliche Wirkprinzip des Elektrofilters wird von Sekundärvorgängen überlagert, die den Abscheidegrad vielfach erheblich beeinträchtigen. Wenn von den vielen Hundert Sprühdrähten einer Abscheiderzelle nur ein einziger nicht exakt ausgerichtet ist oder bei Reparaturen beschädigt wurde, treten vorzeitige Lichtbogenüberschläge ein. Die für den Partikeltransport entscheidende Filterspannung muß dann zurückgeregelt werden, wodurch der Abscheidegrad empfindlich abfällt.

Zu den besonderen Problemen des Elektrofilterbetriebes gehört die Abreinigung der Niederschlagselektroden. Insbesondere bei großen Plattenhöhen kann die Entstauber-Wirksamkeit durch die mechanische Klopfung stark vermindert werden, weil der hierbei wieder aufgewirbelte Staub mehrmals abgeschieden werden muß. Das gilt ganz besonders für die Klopfung der auf dem Rauchgasweg letzten Plattenreihe. Aus diesem Grund werden die Platten des gleichen Rauchgasquerschnittes nie gleichzeitig, sondern immer nacheinander geklopft. Außerdem werden mittels Klopfzeitdehnung die Intervalle zwischen den Klopfdurchgängen für die Nachreinigung in Anpassung an die dort geringere abgeschiedene Aschemenge länger eingestellt als für die Vorreinigung.

Besonders abträglich für den Abscheidegrad sind Unregelmäßigkeiten bei der Trichterentaschung der Elektrofilter. Hier treten in besonderer Häufung Störungen und Verschleißausfälle an den pneumatischen Fördereinrichtungen auf, die ihre Ursache meist in der Nichtbeachtung elementarer Strömungsvorgänge haben. Nicht zuletzt verschlechtert sich das Abscheideverhalten bei Überlastfahrweise des Dampferzeugers oder bei unzulässigen Falschlufteinbrüchen in den Rauchgasweg, weil dann durch überhöhte Strömungsgeschwindigkeiten in der Zone des elektrischen Feldes der Wirkungsmechanismus behindert wird.

Als erheblicher Nachteil ist auch das Fehlen betriebssicherer kontinuierlicher Staubmeßverfahren zu betrachten, die eine Überwachung und Koordinierung der ineinander übergreifenden Vorgänge des Elektrofilter- und Entaschungsbetriebes im Sinne einer Prozeßdiagnostik gestatten würden.

Der Kraftwerksbetreiber muß auch außerhalb der Belange des Umweltschutzes an einer wirksamen Entstaubung der Rauchgase interessiert sein, weil davon die Laufzeit der Saugzuganlage des Dampferzeugers betroffen wird.

Es gibt Kraftwerke, bei denen bereits nach 1000 bis 3000 Betriebsstunden das Saugzuglaufzeug aus Verschleißgründen gewechselt werden muß. Dieser Vorgang bedeutet eine Einsenkung der Leistung des Kraftwerksblockes auf 60%, wenn der Betrieb der Anlage mit dem verbliebenen zweiten Saugzug aufrechterhalten wird. Während der Reparaturzeit von 50 bis 70 h laufen nicht nur Reparaturkosten auf, sondern es sind erhebliche Gewinnminderungen durch den Produktionsausfall hinzunehmen. Wenn solche übernormale Verschleißerscheinungen gleichzeitig an allen Blockeinheiten eines Kraftwerkes auftreten, ergeben sich durch die starke Belastung des Reparaturpersonals bis an die physische Leistungsgrenze auch schwierige soziologische Probleme.

Die Diskrepanz zwischen dem prinzipiell erreichbaren Abscheidegrad eines Elektrofilters von über 99% und einem tatsächlichen, weit darunterliegenden Dauerabscheidegrad läßt erkennen, daß die auftretenden komplexen Zusammenhänge noch nicht im notwendigen Umfange bewältigt werden.

Die Elementarvorgänge sind gelöst, nicht aber die *Systemtechnik*. War der Ingenieur von gestern ein solcher, der physikalische Sachverhalte zu beherrschen hatte, so ist vom Ingenieur von heute die gleichzeitige Beherrschung physikalischer Sachverhalte und von Systemzusammenhängen zu verlangen. Daß uns hierzu Grundlagen und Methoden vorläufig in noch ungenügendem Maße zu Gebote stehen, ist offensichtlich und wird durch die Praxis immer wieder eindringlich vor Augen geführt.

Im Gegensatz zur Rauchgasentstaubung ist die Beseitigung der gasförmigen Schadstoffe, darunter besonders das Schwefeldioxid, bis jetzt trotz langjähriger und kostspieliger Bemühungen in aller Welt ein unbefriedigend beherrschtes Problem. Die Kausalzusammenhänge zwischen Außenluftgüte und Gesundheitszustand der Bevölkerung sind nicht mehr zu übersehen. Eine klassische Belegung der medizinischen Bedeutung der Luftverunreinigungen bilden die Smog-Katastrophen, unter denen die Londoner von 1952 besonders herausragt. In einer witterungsbedingten Phase erhöhter SO_2-Konzentration (Abb. 5) trat hier durch Herz-Kreislauf- und Lungenerkrankungen ein steiler Anstieg der Mortalität mit 4000 Toten über Durchschnitt innerhalb weniger Tage auf.

In der ČSSR ergab die Statistik für Gebiete mit besonderer Luftbelastung eine um 4 Jahre unter dem Mittelwert liegende Lebenserwartung der Bevölkerung. Für die Großstädter der DDR wurde eine um 0,5 Jahre erniedrigte Lebenserwartung ermittelt. Die Toxidität der Schadstoffe ist offenbar komplexer Natur. SO_2 und NO_x zusammen verhalten sich wesentlich ungünstiger als

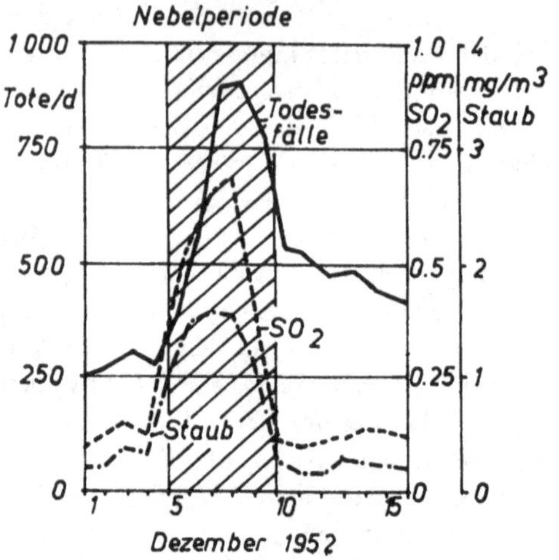

Abb. 5 Smog-Katastrophe London 1952

die Stoffe allein. Besondere Bedeutung kommt dem Zusammenwirken unverbrannter Kohlenwasserstoffe aus Kraftfahrzeugen und den aus Feuerungen stammenden Stickoxiden unter Einwirkung des Sonnenlichtes zu. Durch photochemische Prozesse bilden sich eine ganze Reihe physiologisch stark wirksamer Verbindung wie Formaldehyd, Aeroleïn, Essigsäure und Peroxyacetylnitrat. Smoggefährdet sind Großstädte und Industriegebiete besonders dann, wenn sich durch ungünstige geographische Lage und häufige Inversionswettersituationen die Luftverunreinigungen im bodennahen Luftraum anreichern können. In diesem Zusammenhang findet die Stadt Los Angeles häufige Erwähnung.

Neben der Gefährdung der menschlichen Gesundheit werden auch an Bauwerken Schäden durch die in der Luft enthaltenen Fremdsubstanzen beobachtet. Man glaubt festgestellt zu haben, daß die Akropolis in den relativ wenigen Jahren unseres Industrie- und Verkehrszeitalters mehr gealtert ist als in den zweieinhalb Jahrtausenden vorher.

Durch die Immission von SO_2 besonders betroffen werden die Landwirtschaft, der Gartenbau und die Forstwirtschaft. Für das Gebiet der DDR gelten 65 000 ha Waldfläche als stark und 130 000 ha Waldfläche als gering geschädigt. Das sind bereits 6,6% der Forste unseres Landes. Die jährlich auflaufende Schadsumme wird mit $20 \cdot 10^6$ M beziffert.

Die Pflanzen nehmen das SO_2 beim Stoffwechsel durch die Spaltöffnungen auf, wo es im Blattinneren Verbindungen eingeht, die zur Nekrose führen. Vor allem sind die Nadelbäume einer physiologischen Schwächung ausgesetzt, die zu hoher Sterblichkeit und Schädlingsanfälligkeit führt, weil die Aspirationsorgane langlebig sind und deshalb bei SO_2-Einwirkung stärker betroffen werden als die jährlich ausgetauschte Blattsubstanz der Laubbäume. In der Landwirtschaft werden in SO_2-betroffenen Gebieten Ertragsminderungen bis zu 40% festgestellt, ohne daß an der Pflanzensubstanz Veränderungen zu erkennen sind!

Es liegt nahe, das Problem der SO_2-Emission durch Brennstoff-Entschwefelung an der Wurzel zu packen. Derartige Verfahren sind bei gasförmigen und flüssigen Brennstoffen auch im großtechnischen Maßstab durchaus möglich und ökonomisch vertretbar. Bei leichten Heizölen ist der Schwefel verhältnismäßig locker gebunden und kann durch eine milde Druck/Temperatur-Behandlung mit Wasserstoff teilweise entfernt werden. Bei schweren Heizölen ist der Schwefel viel fester gebunden und muß mit scharfen Verfahren und hohem Wasserstoffeinsatz durch Druck-Hydrierung abgetrennt werden. Dabei läßt sich nicht vermeiden, daß trotz geringer Reaktionsgeschwindigkeiten die schweren Kohlenwasserstoffmoleküle gekrackt werden, wodurch entgegen den Erfordernissen der chemischen Industrie der Produktionsanteil leichter und mittlerer Destillate weiter ansteigt.

Nach den bereits in Japan vorliegenden praktischen Erfahrungen mit der Heizölentschwefelung sollen die Kosten niedriger als bei einer Rauchgasentschwefelung liegen.

Bei den festen Brennstoffen stoßen die Bemühungen um eine direkte Schwefelentfernung auf unüberwindliche Schwierigkeiten, weshalb sich hier die Forschung sehr intensiv um eine Entfernung des SO_2 aus den gasförmigen Verbrennungsprodukten bemüht.

Grundsätzlich haftet dieser Verfahrensweise der Nachteil an, daß sich die außerordentlich großen Rauchgasvolumina sehr viel schwieriger als die konzentrierteren Brennstoffe behandeln lassen.

Von etwa 100 in Erwägung gezogenen Rauchgasentschwefelungsverfahren werden gegenwärtig noch etwa 10 weiter verfolgt, ohne jedoch bisher technisch und ökonomisch zufriedenstellende Ergebnisse geliefert zu haben.

Bei der Gasentschwefelung lassen sich Naß- und Trockenverfahren unterscheiden. Dabei werden die physikalische Löslichkeit von SO_2 in Wasser bzw. in organischen Lösungsmitteln, die chemische Bindung von SO_2 an wäßrige Lösungen von Metallsalzen oder an staubförmige Metallsalze, die SO_2-Absorption oder die SO_2-Adsorption benutzt.

Für die Naßverfahren besteht wegen Schwierigkeiten im Teillastbetrieb, infolge hohen Wasserverbrauches, möglicher Grundwasserschäden und weiterer Probleme keine günstige Prognose.

In Diskussion und Erprobung befinden sich Adsorptionsmethoden, die mit Aktivkohle arbeiten sowie Additivmethoden, bei denen durch Zusätze zum Brennstoff oder in das Rauchgas eine Bindung des Schwefels erfolgen soll. Für Ölfeuerungen wurde von der japanischen Firma Mitsubishi ein wirtschaftliches Verfahren entwickelt, bei dem aktiviertes Manganoxid die unerwünschten Schwefelverbindungen zu 90% absorbiert. Da ein gesundheitsschädliches Endprodukt entsteht, sind sehr hochwertige Elektrofilter sogar hinter Ölfeuerungen notwendig.

Für Braunkohlefeuerungen arbeitet das Institut für Energetik Leipzig an einer Additivmethode, die Kalkstein als Zuschlagstoff vorsieht. Mit diesem Verfahren werden Entschweflungsgrade von 30—40% erzielt, die sicherlich noch nicht besonders attraktiv sind, aber eine Reduzierung der absoluten SO_2-Belastung ermöglichen. Der Aufwand an Zuschlagstoffen ist erheblich, indem 50 kg Kalkstein je Tonne Rohbraunkohle eingesetzt werden müssen. Ein 3000 MW-Kraftwerk würde eine Additivmenge von 3500 t/d bei kontinuierlichem Betrieb der Entschweflungsanlage in Anspruch nehmen, wodurch die Stromerzeugungskosten allein durch den Materialeinsatz einen Anstieg um 5% erfahren.

Neben der Erhöhung der Betriebskosten durch den Zuschlagstoff und den Investitionen für die Additivbunker sowie Dosiereinrichtungen muß die Elektrofilteranlage zur Einhaltung der vorgeschriebenen Staubemissionsgrenzen mit beträchtlichem Aufwand um etwa 75% vergrößert werden, weil der angestiegene Staubgehalt und ein erheblich höherer elektrischer Widerstand der Kalkpartikel die Abscheidung erschweren.

Die Additivdosierung zum Brennstoff könnte andererseits zu ökonomischen Vorteilen führen, indem durch den Kalk der SO_3-Gehalt des Rauchgases vollständig entfernt und dadurch die Korrosions- und Verschmutzungsgefahr in den letzten Heizflächen des Dampferzeugers und innerhalb des Rauchgasweges bis zum Schornsteinaustritt durch Unterbindung des Schwefelsäuretaupunktes beseitigt wird.

Unter diesen Bedingungen ist eine bemerkenswerte Verbesserung des Dampferzeugerwirkungsgrades durch Senkung der Abgastemperatur von 160 °C auf 100 · · · 110 °C möglich. Gleichzeitig tritt durch eine solche Maßnahme eine positive Beeinflussung des Staubwiderstandes und eine Reduzierung des Gasvolumenstromes ein, wodurch die erwähnte Elektrofiltervergrößerung entfallen könnte.

Die Herabsetzung der Abgastemperatur im genannten Umfange verlangt eine tiefgreifende Veränderung der Anlagenstruktur gegenüber der jetzt üblichen Konzeption und setzt eine kontinuierliche Kalkzugabe zum Brennstoff voraus. Jede Unterbrechung der Additivfahrweise muß zu schwerwiegenden Schäden am kalten Ende der Dampferzeugeranlage durch die dann einsetzende Schwefelsäure-Tieftemperaturkorrosion führen.

Des bestehenden Risikos für die Verfügbarkeit des Kraftwerkes wegen dürfte die betrachtete wärmewirtschaftlich interessante Abgastemperatursenkung nicht verantwortbar sein und damit ausscheiden.

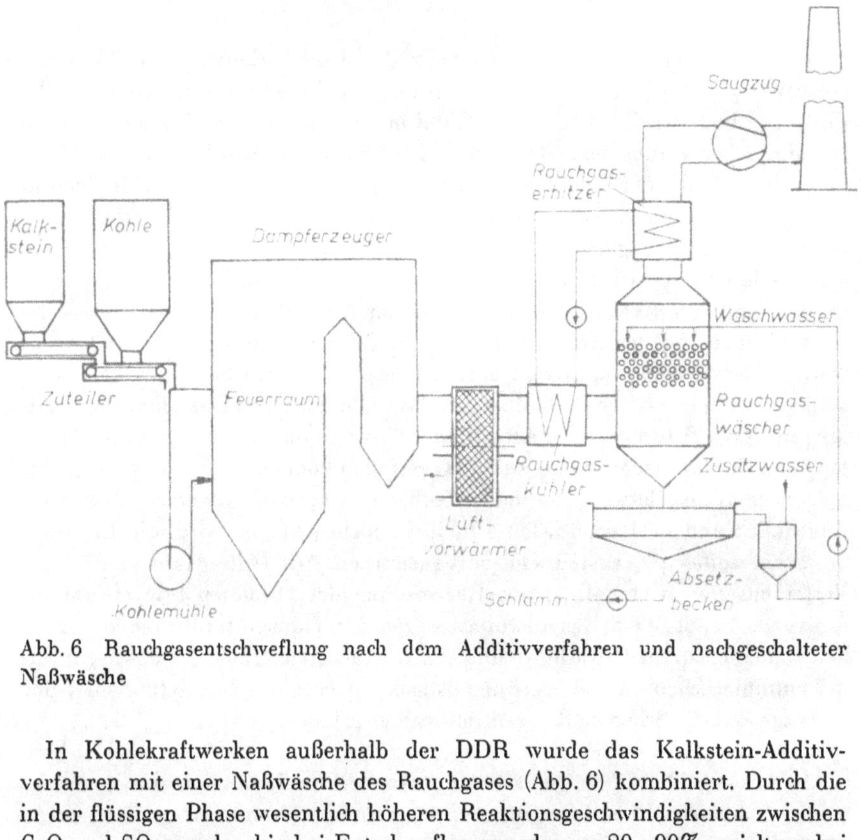

Abb. 6 Rauchgasentschweflung nach dem Additivverfahren und nachgeschalteter Naßwäsche

In Kohlekraftwerken außerhalb der DDR wurde das Kalkstein-Additivverfahren mit einer Naßwäsche des Rauchgases (Abb. 6) kombiniert. Durch die in der flüssigen Phase wesentlich höheren Reaktionsgeschwindigkeiten zwischen CaO und SO_2 wurden hierbei Entschweflungsgrade von 80—90% erzielt, wobei gleichzeitig eine sehr wirksame Rauchgasentstaubung eintritt. Dieser Effekt wird allerdings durch außerordentliche betriebstechnische Schwierigkeiten und große Probleme bei Transport und Deponie der anfallenden Schlämme erkauft, die bei den bisherigen Erprobungen zu völlig unbefriedigenden Reisezeiten der Entschweflungsanlagen und zu untragbarem Personalaufwand führten.

Indem die Naßwäsche eine Abkühlung des Rauchgases auf etwa 50 °C mit sich bringt, besteht die Gefahr, daß die kalten Gase unmittelbar nach Schornsteinaustritt durch den fehlenden Auftrieb in bodennahe Schichten gelangen und die Kraftwerksumgebung durch den Restgehalt an SO_2 von einer höheren Immissionskonzentration als ohne Entschwefelung betroffen wird. Naßverfahren verlangen deshalb eine Wiederaufheizung des Gases um mindesten 30 K, um diesen Schwierigkeiten zu entgehen, wodurch sich eine weitere Verkomplizierung der Anlagen ergibt.

In der VR Polen werden seit längerer Zeit Untersuchungen zur Rauchgasentschwefelung nach dem trockenen Ammoniakverfahren durchgeführt. Bei dieser Methode wird das Reaktionsmittel in den Schornstein eingedüst. Da die chemische Umsetzung von SO_2 und NH_3 einen Temperaturbereich von 80 °C voraussetzt, findet der Prozeß erst nach Austritt der Rauchgase aus dem Schornstein in der freien Atmosphäre statt, und eine Abscheidung der Reaktionsprodukte ist nicht möglich.

Anstelle von SO_2 wird die Umwelt nun von einem Ammoniumsulfat-Aerosol extrem feiner Partikelgröße betroffen, dessen Auswirkungen auf die Bevölkerung (Schädigung der Atmungsorgane und Schleimhäute) und den Pflanzenwuchs (Überdüngung) noch weitgehend unbekannt sind. Überdies besteht noch keine vollständige Klarheit darüber, ob die beabsichtigte vollständige Umwandlung in $(NH_4)_2SO_4$ tatsächlich eintritt oder teilweise nur bis zu Zwischenprodukten verläuft, die wieder in SO_2 und NH_3 zerfallen können.

Der Stand der Entwicklung muß offenbar so eingeschätzt werden, daß es im Augenblick und in den nächsten 10 Jahren nicht gelingen wird, die Emission des Schadstoffes SO_2 ausreichend zu beherrschen. Mit Hilfe des Kalk-Additiv-Verfahrens dürfte ein Mittel zur Reduzierung des absoluten Schwefeldioxid-Auswurfes bereitstehen, das allerdings wegen der Transportprobleme kaum für den Dauereinsatz in Betracht kommt. Es wird in erster Linie geeignet sein, im diskontinuierlichen Betrieb bei ungünstigen meteorologischen Situationen unzulässige örtliche Schadstoffkonzentrationen abzufangen.

Als Ausweg bleibt, die zunächst unvermeidliche Immission durch zweckmäßige Standortwahl und den Bau von Hochschornsteinen in erträglichen Grenzen zu halten.

Für das modernste Kraftwerk der DDR, die 2×500 MW-Anlage Hagenwerder III, wurde ein 250 m-Schornstein errichtet. Die Kosten dieses Bauwerkes betragen rund $13 \cdot 10^6$ M und liegen damit noch unter 1% der gesamten Investitionssumme dieser Baustelle. Für andere Objekte wurden Schornsteine von 300 m Höhe errichtet. Hierdurch ist zwar eine merkliche Verbesserung der Nahimmission zu erreichen, dafür aber eine sehr viel größere Flächenausbreitung des Schadstoffes. Da die Verträglichkeitsgrenze der Pflanzen gegenüber SO_2

schon bei äußerst geringen Konzentrationen überschritten wird, werden auch weiterhin Wachstumsschäden hinzunehmen sein.

Eine Untersuchung der SO_2-Immission im besonders belasteten Bezirk Cottbus mit Gültigkeit für das Jahr 1975 (Abb. 7) läßt erkennen, daß für weite Gebiete die zulässigen Grenzkonzentrationen nicht mehr einzuhalten sind.

Bei Inversionswetterlagen werden die gasförmigen Schadstoffe über große Entfernungen transportiert und treten dann insbesondere an Hanglagen von Gebirgen in hoher Konzentration auf. Auf diese Weise wurden große Teile des Erzgebirgskammes durch den „Böhmischen Nebel" entwaldet. Besonders betroffene Gebiete liegen am Mückentürmchen unweit Zinnwald auf dem Staatsgebiet der ČSSR.

Nach Zeitungsmeldungen der letzten Zeit werden über Skandinavien sauere Niederschläge festgestellt, die zu Schäden in der Land- und Fischwirtschaft führen. Durch die UNO sind umfangreiche Forschungsarbeiten zur Bekämpfung dieser aus Großbritannien und Mitteleuropa in Höhen oberhalb 3000 m herangeführten Luftverunreinigungen eingeleitet worden. Ähnliche atmosphärische Transportvorgänge führen z. B. dazu, daß sich der Schnee in der Hohen Tatra zuweilen durch ätzende Substanzen braun verfärbt.

Die Forstwirtschaftler haben sich darum bemüht, SO_2-resistente Nadelhölzer anzubauen. Japanische Kiefern, die sich in Jahrtausenden an die von einer Vielzahl von Vulkanen mit SO_2 angereicherte Luft anpassen konnten, weisen solche Eigenschaften auf. Im Erzgebirge haben sich von dort importierte Koniferen bewährt. Eine Ansiedlung rauchharter Kiefern im großen Maßstab scheitert am Arbeitskräftemangel.

Eine Analyse der Herkunft der Luftverunreinigungen zeigt, daß die Kraftwerke nicht den eigentlichen Schwerpunkt darstellen, zumal große Anlagen in weniger dicht besiedelten Gebieten stehen.

Mit einer gewissen Allgemeingültigkeit für Industriestaaten kann angenommen werden, daß die thermische Stromerzeugung an der Staubbelastung der Atmosphäre mit 20% beteiligt ist, während Haushalte und Kleinverbraucher 53% ausmachen. Bei der SO_2-Emission folgen die Kraftwerke mit 38% auf die sonstige Industrie, die 40% des Auswurfes herbeiführt. Nicht zu vernachlässigen ist der Kraftfahrzeugverkehr, der durch Emission von CO, NO_x, C_mH_n, Ruß und Blei eine ausgesprochene Gefährdung der Stadtbevölkerung mit sich bringt (Abb. 8). Es darf auch nicht verschwiegen werden, daß bei Hausfeuerstätten und kleinen Industrieanlagen infolge unzulänglicher Verbrennungstechnik im Schornsteinauswurf erhebliche Mengen kanzerogener Substanzen, in der Hauptsache 3.4-Benzpyren, enthalten sind, die bei großtechnischen Verbrennungsanlagen nicht auftreten.

In diesem Zusammenhang ist aufschlußreich, daß in der Waldstadt Tharandt

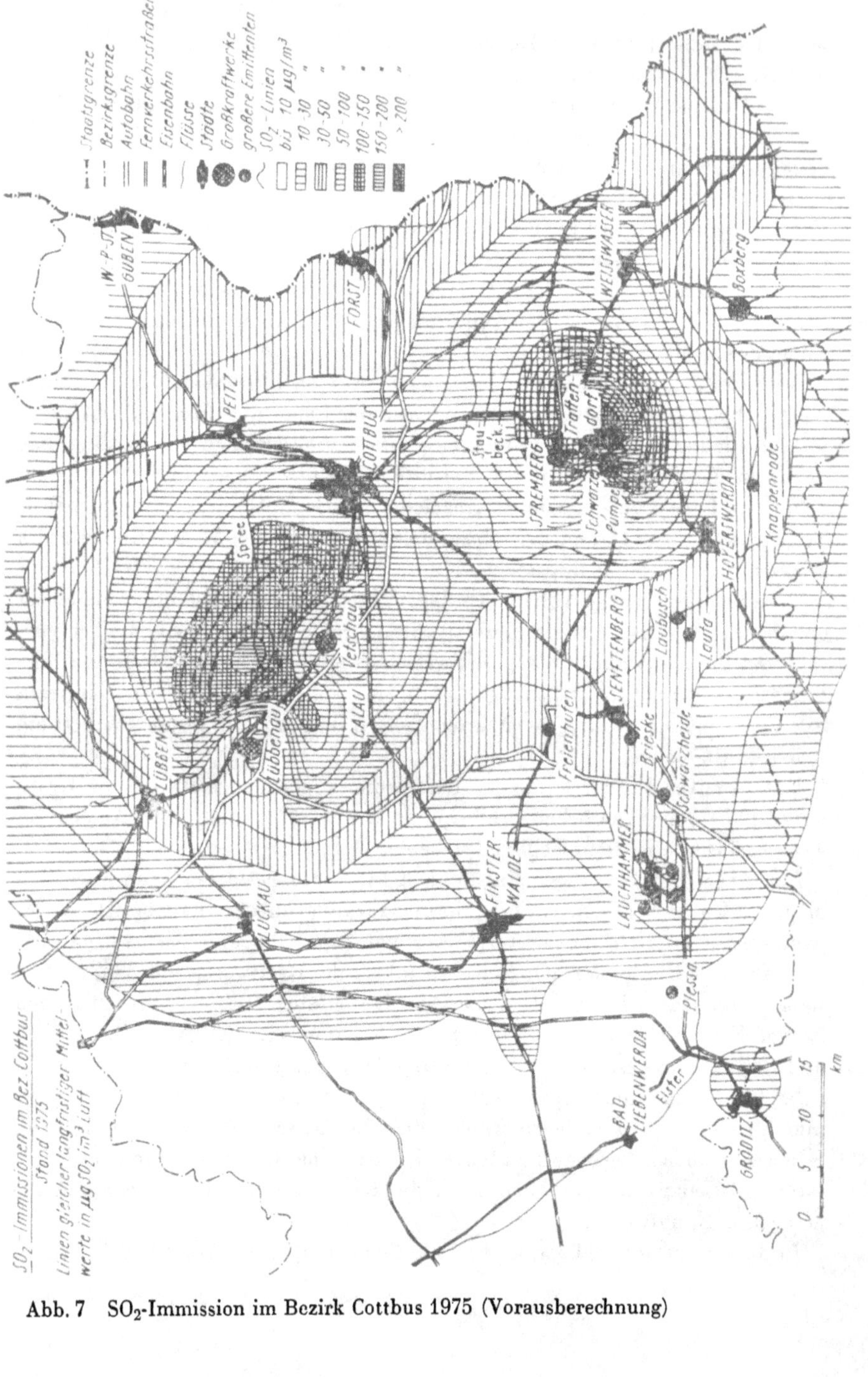

Abb. 7 SO_2-Immission im Bezirk Cottbus 1975 (Vorausberechnung)

Abb. 8 Nachlässigkeiten bei der Instandhaltung führen zu einer zunehmenden Luftverunreinigung durch Diesel-Kraftfahrzeuge

mit seiner Tallage und vielen Hausfeuerstätten mehr SO_2 und Benzpyren als in der Dresdner Innenstadt festgestelllt werden.

Der zunehmende Konzentrationsgrad der Energiewirtschaft, also die zentralisierte Belieferung der Industrie und des privaten Sektors mit Elektroenergie und Fernwärme aus wenigen großen Anlagen mit moderner Technik anstelle einer Unzahl von primitiven Einzelfeuerstätten muß sicherlich als eine kommunalhygienisch sehr positive Entwicklung betrachtet werden. Die UdSSR hat unter diesem Aspekt die Heizkraftwirtschaft besonders entwickelt und auf einen beachtlichen Stand gebracht. Während dort etwa 35% der erzeugten Elektroenergie aus Heizkraftwerken stammt, liegt die DDR mit nur 8% noch weit im Rückstand.

Wenn man weiter bedenkt, daß die Neubaukraftwerke des Jahres 1955 einen spezifischen Wärmeverbrauch von 15 500 kJ/kWh hatten, die des Jahres 1975 aber nur noch 10 500 kJ/kWh benötigten und damit ein Drittel weniger Kohle verbrennen, ist zu ersehen, wie der Fortschritt in der Energieumwandlungstechnik dem Umweltschutz sehr wirksam dient.

3. Fortgeschrittene Energieumwandlungsverfahren

Mit der Inbetriebnahme des ersten Kernreaktors durch Fermi 1942 und der ersten Stromlieferung aus einem Kernkraftwerk (Obninsk 1954) trat die Kernspaltung als Alternative zur technischen Verbrennung fossiler Primärenergieträger auf den Plan.

Im gegenwärtigen Entwicklungsstadium befreit allerdings die Kernenergie die Welt noch nicht von der Sorge um die Erschöpfung der Energievorräte (Tab. 2). Als spaltbares Material steht vorerst nur das Uranisotop U 235 zur

Tabelle 2
Wahrscheinliche Weltvorräte an Primärenergie

Energieträger	wahrscheinliche Weltvorräte 10^6 TWh	Ausbeutedauer nach dem Jahr 2000 a
Kohle	120	2300
Erdgas	2	14
Erdöl	6	101
Uran (Preis 30 $/lb) bei Einsatz in therm. Reaktoren	1	bei Beibehaltung heutiger Reaktoren aufgebraucht
Uran (Preis 30 $/lb) bei Einsatz in Brutreaktoren	50	1180
Thorium bei Einsatz in Hochtemperaturreaktoren	75	24

Verfügung, das im Natururan lediglich zu 0,7% enthalten ist. Damit beläuft sich der Energieinhalt der derzeit erkundeten und mit tragbaren Kosten ausbeutbaren Lagerstätten bei Umsetzung in den gegenwärtig im Einsatz befindlichen thermischen Reaktoren (Abb. 9) auf nur 1% der auf allen Kontinenten noch existierenden Kohlevorräte! Es steht jedoch außer Zweifel, daß mit den etwa um 1990 für den kommerziellen Einsatz bereitstehenden schnellen Brutreaktoren die nukleare Primärenergiebasis um den Faktor 50 vergrößert wird, indem dann eine Umwandlung des nicht spaltbaren U 238 in spaltbares Plutonium Pu 239 gelingt.

Abgesehen von der vorerst ungünstigen Ausnutzbarkeit der natürlichen Uranbestände besitzt die Kernenergetik bereits jetzt erhebliche Bedeutung, die im Laufe der Entwicklung zunehmen und mit fortgeschrittenen Systemen eine weit in die Zukunft reichende Versorgungssicherheit mit Elektroenergie gewährleisten wird.

Zwei wesentliche Vorteile dürften dabei im Vordergrund stehen:

Durch die extrem hohe Energiedichte des Kernbrennstoffes kann der Kernreaktor über lange Betriebszeiträume ohne Nachschub arbeiten, wodurch die bei konventionellen Kraftwerken bestehende starke Abhängigkeit von einer kontinuierlichen Brennstoffzufuhr überwunden wird.

Weiter entfällt bei Kernkraftwerken die Umweltverschmutzung durch Schadstoffe, die bei Verbrennungskraftwerken mit den Rauchgasen in die Atmosphäre gelangen und bei einem weiteren Ausbau der konventionellen Anlagen die verträglichen Grenzen überschreiten.

Unter dem Eindruck der verheerenden Erfahrungen mit Kernwaffen ist die Sicherheit von Kernkraftwerken eine spektakuläre Frage. Die enorme Energiekonzentration im Spaltstoffvorrat eines Kernreaktors und die Entstehung großer Mengen radioaktiver Substanzen stellen eine potentielle Gefahr dar. Durch die Konzeption der Sicherheitstechnik für Kernkraftwerke, die mit einem Aufwand wie vorher bei keiner anderen technischen Entwicklung betrieben worden ist, gelingt es, das Risiko des Reaktorbetriebes wie auch des Transportes und der Endlagerung der hochradioaktiven Abfälle niedrig zu halten.

Während der rund 25jährigen Erfahrungen mit nuklearen Anlagen sind auf dem zivilen Sektor bisher keine tödlichen Unfälle durch radioaktive Einwirkungen aufgetreten. Dagegen büßten im gleichen Zeitraum 50 000 Bergleute bei ihrer Arbeit das Leben ein.

Die Umweltproblematik, die sich aus der Abfuhr der thermodynamisch bedingten Abwärme aus den Stromerzeugungsanlagen ergibt, betrifft die nuklearen Kraftwerke ebenso wie die klassischen.

Spätestens in zehn bis fünfzehn Jahren wird Kühlwasser nicht mehr zur Verfügung stehen und der Übergang auf Luftkühlung der Kraftwerke oder auf Kombinationen aus Trockenkühltürmen und Naßkühltürmen unumgänglich sein.

In der Volksrepublik Ungarn wird diese Technik bereits jetzt in größerem Umfange und mit Erfolg eingesetzt, um die thermische Belastung der Gewässer mit der Abwärme der Kraftwerke zu vermeiden und das stark verknappte Wasser für die Lebensabläufe in der Natur zu erhalten.

Wegen der ungünstigeren Wärmeübertragungsbedingungen bringt die Luftkühlung eine Erhöhung der Stromerzeugungskosten um wenigstens den Faktor 1.2 mit sich. Die Trockenkühltürme werden solche Dimensionen annehmen, daß möglicherweise die Kraftwerksanlagen in ihrem Inneren Aufstellung finden müssen. Bei einem 2000 MW-Kernkraftwerk wird dann vom Kühlturm ein Warmluft-Freistrahl mit einem Volumenstrom von 160 000 m^3/s abgegeben, der mit einer Anfangsgeschwindigkeit von 10 m/s schätzungsweise 5000 m in die Atmosphäre hineinreicht. Damit muß mit einer neuen Art der Umwelt-

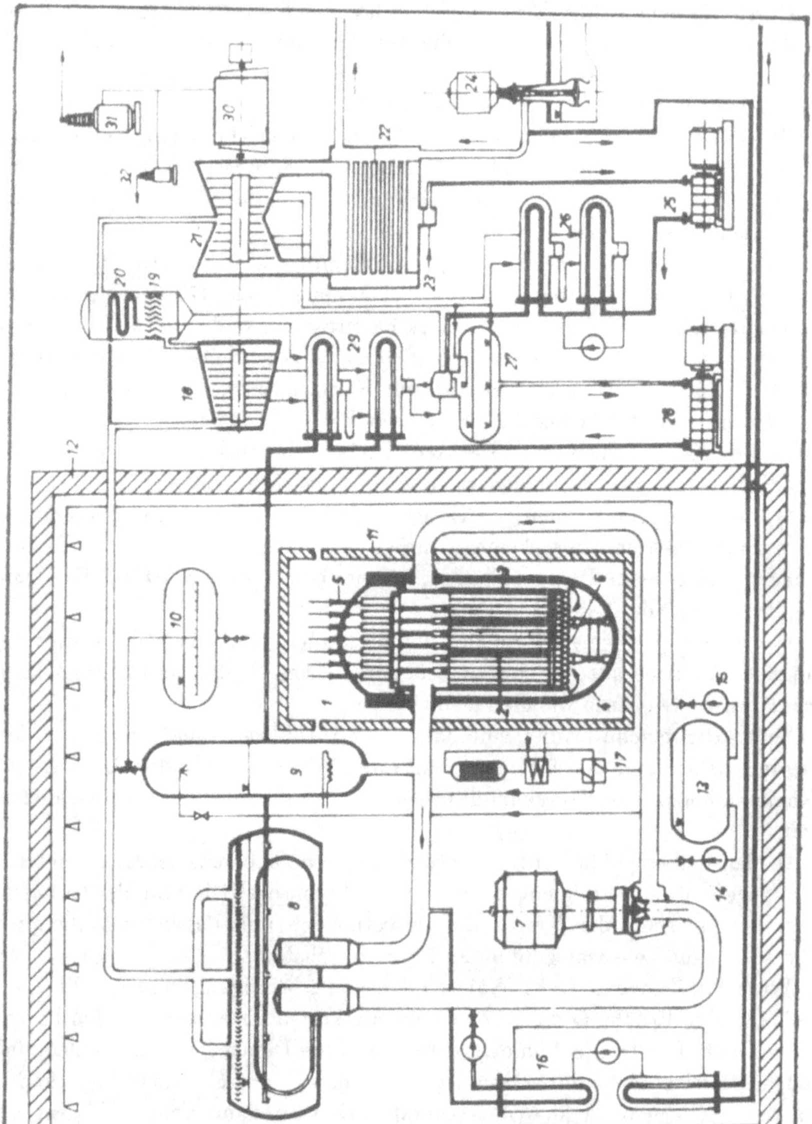

Abb. 9 Kernkraftwerk mit Druckwasserreaktor

1	Druckwasserreaktor	17	Primärwasseraufbereitung
2	Brennelemente	18	Hochdruckteil Sattdampfturbine
3	thermischer Schild	19	Wasserabscheider
4	Druckgefäß	20	Zwischenüberhitzer
5	Regelstäbe	21	Niederdruckteil Dampfturbine
6	Prallplatte	22	Kondensator
7	Hauptumwälzpumpe	23	Zusatzwassereinspeisung
8	Dampferzeuger	24	Kühlwasserpumpe
9	Druckhalter	25	Kondensatpumpe
10	Abblasetank	26	Niederdruck-Vorwärmer
11	biologischer Schild	27	Speisewasserbehälter/Entgaser
12	Sicherheitseinschluß	28	Speisepumpe
13	Borsäurevorratsbehälter	29	Hochdruck-Vorwärmer
14	Borsäurenoteinspeisung	30	Drehstrom-Generator
15	Sprinkleranlage	31	Blockumspanner
16	Nachkühlsystem	32	Eigenbedarfsumspanner

beeinflussung gerechnet werden, indem das Kraftwerk Auswirkungen auf das örtliche Wetter haben wird.

Die Anhebung des Umwandlungswirkungsgrades der Energieerzeugungsanlagen ist zunächst unter dem Aspekt der Einschränkung des Primärenergieverbrauches von ökonomischem Interesse. Daneben erlangt aber auch die wirkungsgradabhängige Reduzierung des Abwärmestromes eine erhebliche Bedeutung.

Koppelprozesse, bei denen eine Gasturbine einer Dampfkraftanlage vorgeschaltet ist, weisen eine bemerkenswerte Wirkungsgradverbesserung auf. Das Verbrennungsgas verrichtet hier in einer Wärmekraftmaschine zusätzliche Arbeit, während es bei herkömmlichen Prozessen lediglich als Wärmeträger für die Erzeugung des Arbeitsmittels Wasserdampf dient. Natürlich sind für dieses Verfahren nur aschefreie Brennstoffe geeignet. In neuerer Zeit zeichnet sich weltweit eine sehr intensive Entwicklung auf dem Sektor der Kohlevergasung ab. Hierbei entsteht ein Produkt, das dem Erdgas ähnlich ist und bei dem die sonst unter den Bedingungen der Kohleverbrennung auftretenden unerwünschten Rauchgaskomponenten SO_2, NO_x und Staub nahezu vollständig abscheidbar sind.

Auch angesichts der für die Zukunft vorauszusehenden Verknappung des Angebotes an natürlichem Erdgas und Erdöl dürfte auf diesem Wege ein synthetisches Erdgas bereitzustellen sein, das seiner chemisch-energetischen Eigenschaften und seiner vorzüglichen Transportfähigkeit wegen mit großen Vorteilen in Stoff- und Energiewirtschaft einsetzbar ist.

Ein solches in großem Umfang erzeugtes Gas würde als Rohstoff für die

Chemieindustrie und zur Reduktion von Erzen in der Metallurgie Verwendung finden können. Über die Kohlevergasung besteht die Chance, die konventionelle Energieumwandlungstechnik effektiver und umweltfreundlicher zu gestalten. Für die Elektroenergieerzeugung steht dann der wirtschaftlich günstige kombinierte Gas-Dampf-Prozeß zur Verfügung. Bei unmittelbarer Verwendung des Gases für die thermischen Fabrikationsverfahren verbinden sich die anwendungstechnologischen Vorzüge mit der Schadstofffreiheit der Abgase, womit industrielle Kleinverbraucher hinsichtlich Arbeitsproduktivität und Umweltschutz auf eine hohe Stufe gestellt werden.

Über eine Methanolsynthese eröffnet sich die Möglichkeit, dem Verkehr einen flüssigen Treibstoff zur Verfügung zu stellen, dessen Auspuffgase weitgehend unschädlich sind. Auf dem Gebiet der Kernenergetik befinden sich Hochtemperatur-Reaktoren in Erprobung, die als technologische Basis der nächsten Kernkraftwerksgeneration zu betrachten sind.

Dieser heliumgekühlte Reaktortyp zeichnet sich im gegenwärtigen Stand der Kernkraftwerkstechnik durch einige wesentliche Vorteile aus: Das hohe Temperaturniveau läßt einen verbesserten Umwandlungswirkungsgrad der Elektroenergieerzeugung erzielen, durch den sich auch das kritische Abwärmeproblem vermindert. Zugleich werden günstige Voraussetzungen für einen Übergang zur Luftkühlung der Anlagen im Interesse einer Entlastung der angespannten Kühlwasser-Situation geschaffen.

Nicht zuletzt wird durch die Hochtemperatur-Reaktoren außerhalb der Elektroenergieerzeugung ein neuer Einsatzbereich durch die Bereitstellung nuklearer Prozeßwärme für die unterschiedlichsten Zweige der Verfahrenstechnik und der Metallurgie erschlossen. Durch die Anwendung von Wärmeenergie aus Kernreaktoren würde sich bei der Kohlevergasung (Abb. 10) die Ausbeute verdoppeln lassen. Unter den Bedingungen eines steigenden Bedarfs an Ausgangsstoffen für die Chemieindustrie und an veredelten Energieträgern könnte damit die Stoff- und Energiebasis der Wirtschaft eine wesentliche Erweiterung erfahren und die Nutzungsdauer der kostbaren fossilen Bodenschätze verlängert werden. Dabei sind Prozeßbedingungen realisierbar, die im Vergleich mit den gegenwärtigen Verfahren alle Voraussetzungen bieten, schädigende Auswirkungen auf die Umwelt auf ein Minimum zu reduzieren.

Die über viele Stufen gehende Entwicklung zu einer zukünftigen kombinierten Stoff- und Energiewirtschaft läßt die Hoffnung zu, daß die Technik unser nützlicher Diener bleibt und wir einen wachsenden Wohlstand nicht gegen eine schmutzige Welt eintauschen müssen. Die Beherrschung der modernen Technik ist schon längst nicht mehr die Sache einzelner. Der notwendige Fortschritt ist ohne die Integration aller Bemühungen gleichermaßen über die Grenzen von Fachgebieten wie über die Ländergrenzen hinweg nicht zu verwirklichen.

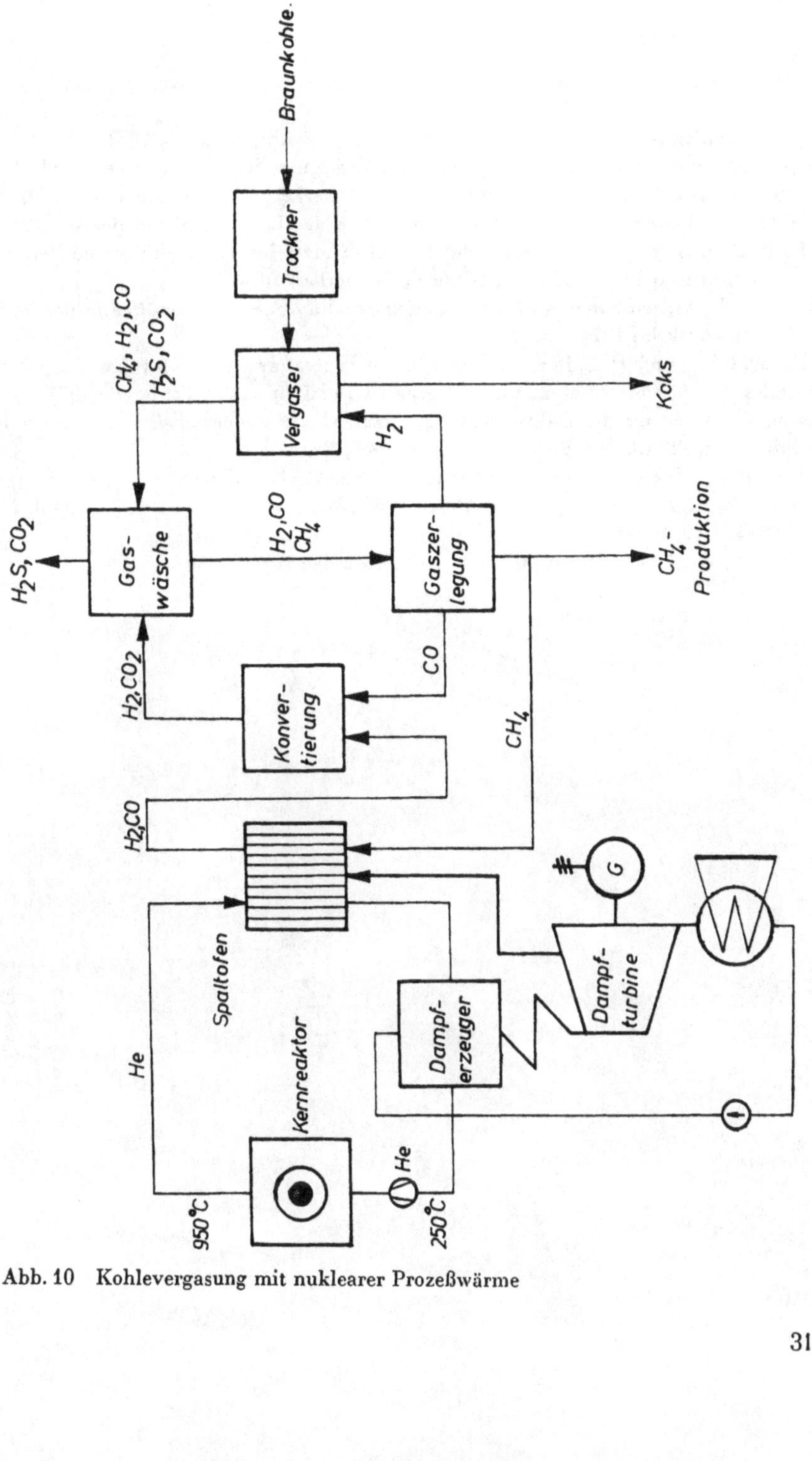

Abb. 10 Kohlevergasung mit nuklearer Prozeßwärme

Literatur

Autorenkollektiv: Schriftenreihe Technik und Umweltschutz, Leipzig 1972.

Kahl, D., und D. Graf: Systematische Überwachung der Verfügbarkeit und des Staubauswurfes bei Elektrofiltern in Großkraftwerken, Energietechnik 24 (1974) 3.

World Health Organization: Die Verunreinigung der Luft, Weinheim/Bergstr. 1964.

Kahl, D., und A. Heine: Probleme des Umweltschutzes bei Vorbereitung und Betrieb von Kraftwerken, ORGREB-IfK-Inform. Sonderheft 1974.

Vetter, H.: Entstaubung und Entschweflung von Rauchgasen, unveröffentlichtes Vortragsmanuskript 1974.

Henry, I. W., und H. E. Burbach: New steam generators designs for burning clean fuels. Pacific Coast Elektr. Asoss. Engineering and Operating Conferenc 1974.

Boie, W.: Probleme der Luftreinhaltung, Sitzungsberichte der AdW. Klasse für Mathematik, Physik und Technik, Jahrgang 1960, Nr. 1.

Jung, H.: Luftverunreinigung und industrielle Staubbekämpfung, Berlin 1968.

Speich, P.: Kohlevergasung mit nuklearer Prozeßwärme. VGB Kraftwerkstechnik 54 (1974) H. 7, S. 438—446.

Altmann, W.: Kraftwerke, Lehrbriefreihe TU Dresden 1974/75.

Horst Ihlenfeld

Strömungstechnische Aspekte bei der Ausbreitung von Gasen in der Atmosphäre

1. Einleitung

Mit der wachsenden Industrialisierung und dem damit verbundenen vergrößerten Ausstoß von Schadstoffen in die Erdatmosphäre gewinnen die Probleme der Reinhaltung der Luft immer mehr an Bedeutung. Neben staubförmigen Luftbeimengungen aus Industrieabgasen führen besonders die gasförmigen Schadstoffe in der Luft zu schädigenden Wirkungen bei Pflanzen, Tieren und Menschen, z. B. schützen sich in Tokio Taxifahrer mit einer Atemmaske vor der zu hohen CO-Konzentration der Luft an Kreuzungen, oder die Abgase von Großkraftwerken und Industriezentren führen in den Kammlagen des Erzgebirges zu starken Schäden am Baumbestand des Waldes.

Nicht immer ist es heute schon möglich, die Emission schädlicher Gase durch entsprechende Abgasbehandlung mit ökonomisch vertretbarem Aufwand zu verhindern. Deshalb ist man oft gezwungen, diese Schadstoffe in die Erdatmosphäre abzublasen, wobei eine Schädigung der Umwelt dadurch vermieden werden soll, daß die Konzentration der Schadgase in der Luft am Erdboden einen bestimmten zulässigen Wert nicht überschreitet. Um nun zuverlässige Aussagen über die Höhe der jeweils auftretenden Konzentrationen treffen zu können, ist die genaue Kenntnis des Vermischungsvorganges von Gasen in der Atmosphäre notwendig.

Der bei weitem überwiegende Anteil der Gasmischung erfolgt hierbei durch die sogenannte turbulente Diffusion. Turbulente Strömungen — und um solche handelt es sich in den allermeisten Fällen bei den natürlichen Windbewegungen — sind gekennzeichnet durch der Grundströmung sich überlagernde unregelmäßige Schwankungsbewegungen, die man sich entstanden denken kann aus der Überlagerung vieler Wirbel unterschiedlicher Größe. Diese Wirbelbewegungen sind nun verantwortlich für den Transport von Gasbeimengungen innerhalb der Grundströmung, d. h., sie übernehmen die Vermischung der Gase.

Will man also die Einflußgrößen auf die turbulente Vermischung in der Erdatmosphäre kennenlernen, so muß Klarheit über den Charakter der turbulenten Bewegungen in der Strömung herrschen. Es ist üblich, die turbulente Strömung in der bodennahen Schicht der Erdatmosphäre als turbulente Plattengrenzschicht zu behandeln. Die dabei auftretenden charakteristischen Reynoldszahlen sind sehr groß, so daß in Verbindung mit der natürlichen Oberflächenbeschaffenheit der Erde die Rauhigkeit der Erdoberfläche von entscheidender Bedeutung für den Zustand der Erdgrenzschicht in Erdbodennähe ist. Außerdem beeinflußt die Grobstruktur der Erdoberfläche in Form von Tälern und Bergen sowie baulichen Einzelkörpern das Strömungsbild in der Nähe dieser Hindernisse sehr stark. Es kommt zu örtlicher Ablösung der Strömung verbunden mit der Bildung von Totwasserzonen und ausgeprägten Wirbeln. Die Vermischung in solchen Gebieten ist abhängig von der Geometrie der Hindernisse und muß gesondert betrachtet werden.

In der natürlichen Erdatmosphäre bestimmt weiterhin der thermische Schichtungszustand entscheidend die turbulenten Eigenschaften des Windfeldes. Bei neutraler Schichtung, d. h., die Temperatur nimmt mit der Höhe entsprechend der isentropen Zustandsänderung ab, bleiben die turbulenten Schwankungsbewegungen unbeeinflußt. Ist die Temperaturabnahme größer als bei isentroper Änderung — sogenannte labile Schichtung —, so werden die turbulenten Schwankungsbewegungen angefacht, da gegenüber der Umgebung leichtere Teilchen mit Unterstützung des hydrostatischen Auftriebs gehoben und schwerere gesenkt werden. Für die Vermischung ungünstig ist dagegen der stabile Schichtungszustand, bei dem die Temperatur weniger als bei isentroper Änderung mit der Höhe abnimmt, ja sogar ansteigen kann — sogenannte Inversion. Die turbulenten Schwankungsbewegungen werden gedämpft, da jetzt schwere Teilchen gehoben und leichtere gegen den hydrostatischen Auftrieb gesenkt werden müssen. Bei sehr stabiler Temperaturschichtung und geringer Windscherung kann die Turbulenz sogar völlig erlöschen. Die laminare Strömung ermöglicht es dann infolge der nur geringen molekularen Diffusion, daß noch in weiter Entfernung vom Emissionsort z. B. explosionsfähige oder toxische Schadstoffkonzentrationen auftreten können.

Um die grundsätzlichen Zusammenhänge und Wirkungen untersuchen und das jeweils Charakteristische des Vorganges erkennen zu können, ist es zweckmäßig, die genannten Einflüsse getrennt zu betrachten. Dieses Vorgehen ist für relativ schwache Konzentrationen zulässig, da hierfür die Rückwirkung der turbulenten Vermischung auf das Strömungsfeld vernachlässigbar klein und die den Mischvorgang beschreibende Differentialgleichung linear ist.

Aus dieser kurzen Übersicht zur vorliegenden Problematik sind bereits die zu lösenden Aufgaben und die Schwerpunkte der Bearbeitung erkennbar. Unter Beachtung der am Windkanal der TU zur Verfügung stehenden vorwiegend experimentellen Möglichkeiten wurden die Untersuchungen zur turbulenten Vermischung von Gasen in der bodennahen Erdgrenzschicht auf folgende

3 Komplexe beschränkt:

1. Die Wirkung der Rauhigkeiten an einer ebenen Platte auf die Vermischung in der turbulenten Grenzschicht.
2. Die Ausbreitung von Gasen in der Nähe von Einzelhindernissen wie Täler, Berge oder Gebäude.
3. Der Einfluß des Stabilitätszustandes auf die turbulenten Eigenschaften einer Plattengrenzschicht.

Zur Lösung dieser Probleme sind sowohl theoretische Untersuchungen bis zur Aufstellung von Rechenalgorithmen als auch praktische Experimente notwendig. Entsprechende Versuche im natürlichen Windfeld sind sehr aufwendig und kostspielig. Außerdem ist die Einhaltung exakter Randbedingungen dabei durch den Einfluß des natürlichen Witterungsablaufes auf die Versuchsparameter sehr schwierig.

Aus diesen Gründen ist es zweckmäßig, Modellversuche durchzuführen. Hierbei besteht allerdings die besondere Schwierigkeit darin, entsprechende Modellgesetze für die turbulente Diffusion aufzustellen und sie bei der Modellierung der Erdgrenzschicht in einem Windkanal einzuhalten. Schließlich müssen die Versuchswerte so aufbereitet werden, daß eine Übertragbarkeit der Ergebnisse des Modellversuches auf die Bedingungen in der bodennahen Schicht der Erdatmosphäre möglich wird.

2. Numerische Lösung der Diffusionsgleichung

Bei der Berechnung der tubulenten Diffusion geht man meist von einer dem 1. Fickschen Gesetz analogen Gleichung aus, welche den durch die turbulenten Mischbewegungen bewirkten Massenstrom pro Flächeneinheit proportional zum Konzentrationsgradienten im Medium setzt. Als Proportionalitätsfaktor tritt die sogenannte Austauschgröße A oder der turbulente Diffusionskoeffizient D_w auf. Beide Größen geben summarisch gewisse Eigenschaften der turbulenten Strömung wieder. So ist z. B. der Diffusionsstrom in Richtung der Flächennormalen n gegeben durch:

$$\left.\frac{\dot{m}_D}{A}\right|_n = -A\frac{\delta C}{\delta n} = -\varrho D_w \frac{\delta C}{\delta n}. \tag{1}$$

Diese Beziehung ist analog zur molekularen Diffusion aufgestellt, wobei formal an die Stelle des molekularen Diffusionskoeffizienten D als reine Stoffgröße der sogenannte turbulente Diffusionskoeffizient D_w tritt, der eine Größe des turbulenten Strömungsfeldes darstellt und abhängig von den Turbulenzeigenschaften der Strömung selbst ist.

Unter Benutzung der Kontinuitätsgleichungen für die diffundierende Teilsubstanz und das Gemisch erhält man die Differentialgleichung der turbulenten Diffusion in allgemeiner Form für ein dreidimensionales anisotropes inhomogenes turbulentes Strömungsfeld zu:

$$\frac{\delta C}{\delta t} + u\frac{\delta C}{\delta x} + v\frac{\delta C}{\delta y} + w\frac{\delta C}{\delta z} = \frac{\delta}{\delta x}\left(Dw_x \frac{\delta C}{\delta x}\right) + \frac{\delta}{\delta y}\left(Dw_y \frac{\delta C}{\delta y}\right) + \frac{\delta}{\delta z}\left(Dw_z \frac{\delta C}{\delta z}\right). \quad (2)$$

Hierbei ist C die Konzentration; t die Zeit; u, v, w sind die Geschwindigkeitskomponenten und Dw_x, Dw_y, Dw_z die turbulenten Diffusionskoeffizienten in den 3 Koordinatenrichtungen x, y, z.

Diese parabolische partielle Differentialgleichung 2. Ordnung stellt die Fouriersche Transportgleichung dar, die sich für kontinuierlich emittierende Quellen und die Bedingungen der Erdatmosphäre weiter vereinfachen läßt.

1. Stationärer Vorgang, d. h. $\frac{\delta C}{\delta t} = 0$
2. Hauptwindrichtung in x-Richtung, d. h. $v = 0$, $w = 0$
3. In x-Richtung überwiegt der konvektive Transport gegenüber der turbulenten Diffusion, d. h.

$$u\frac{\delta C}{\delta x} \gg \frac{\delta}{\delta x}\left(Dw_x \frac{\delta C}{\delta x}\right).$$

4. Näherungsweise kann Dw_y unabhängig von der y-Richtung angenommen werden, d. h. $\frac{\delta Dw_y}{\delta y} = 0$.

Damit vereinfacht sich Gleichung (2) für die Bedingungen der turbulenten Vermischung in der Erdatmosphäre bei einer kontinuierlich emittierenden Quelle zu:

$$u\frac{\delta C}{\delta x} = Dw_y \frac{\delta^2 C}{\delta y^2} + \frac{\delta Dw_z}{\delta z}\frac{\delta C}{\delta z} + Dw_z \frac{\delta^2 C}{\delta z^2}. \quad (3)$$

Für diese Differentialgleichung sind einige spezielle Lösungen bekannt [1], [2]. Außerdem kann sie unter Benutzung von Rechenautomaten numerisch für relativ komplizierte Randbedingungen gelöst werden [3], [4]. In Abb. 1 sind die benutzten Bezeichnungen und Koordinaten eingezeichnet.

Zur rechentechnischen Vereinfachung konnte bei unserer Zielstellung davon ausgegangen werden, daß für Gasausbreitungen in der Atmosphäre quer zur Windrichtung parallel zur Erdoberfläche das Stömungsfeld konstant angesehen

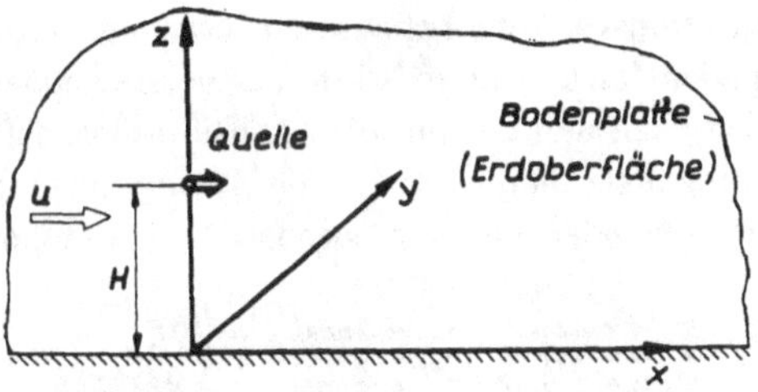

Abb 1 Benutztes Koordinatensystem

werden kann. Damit ergibt sich – wie auch durch Messungen bestätigt – in y-Richtung eine Gaußsche Normalverteilung für die Konzentration

$$C^*(x, y) = \frac{1 \sqrt{u}}{2 \sqrt{\pi \cdot Dw_y \cdot x}} \exp\left(-\frac{y^2 \cdot u}{4 \cdot Dw_y \cdot x}\right). \tag{4}$$

Mit dem Ansatz

$$C(x,y,z) = C'(x,z) \cdot C^*(x,y) \tag{5}$$

vereinfacht sich die ursprünglich zu lösende Gleichung (3) zu einer zweidimensionalen Gleichung für C'(x,z)

$$u \frac{\delta C'}{\delta x} = \frac{\delta Dw_z}{\delta z} \frac{\delta C'}{\delta z} + Dw_z \frac{\delta^2 C'}{\delta z^2}. \tag{6}$$

Gelingt die Lösung dieser Gleichung, so kann die Konzentrationsverteilung im gesamten Stömungsfeld durch Multiplikation gemäß der Beziehung (5) ermittelt werden.

Die Lösung der partiellen Differentialgleichung (6) erfolgte numerisch unter Benutzung des gewöhnlichen Differenzenverfahrens [5]. Als Eingabewerte für die Rechnung wird von einer beliebigen Konzentrationsverteilung in der Quellfläche ausgegangen, und sowohl die Geschwindigkeit als auch der turbulente Diffusionskoeffizient in Richtung senkrecht zur Oberfläche kann entsprechend den tatsächlichen Bedingungen in der Atmosphäre variabel mit der Höhe berücksichtigt werden. Die Erdoberfläche wird als nicht absorbierend in bezug auf das sich ausbreitende Gas angenommen.

Nachdem die Brauchbarkeit des Programms durch Vergleich mit der geschlossenen Lösung nachgewiesen war, wurde der Einfluß verschiedener Verteilungen der Geschwindigkeit und des Diffusionskoeffizienten untersucht, da die Rauhigkeit und das Bodenprofil auf diese Parameter des Strömungsfeldes einwirken. Die nächsten Abbildungen vermitteln einige Ergebnisse.

In Abb. 2 werden die Konzentrationsverläufe entlang der Gasfahnenachse in Höhe der Quelle und am Erdboden für konstante Werte und eine exponentielle Verteilung der Windgeschwindigkeit und des turbulenten Diffusionskoeffizienten verglichen. Besondere Bedingungen herrschen für die Ausbreitung von Gasen in der Atmosphäre, wenn eine oder mehrere sogenannte Inversions-

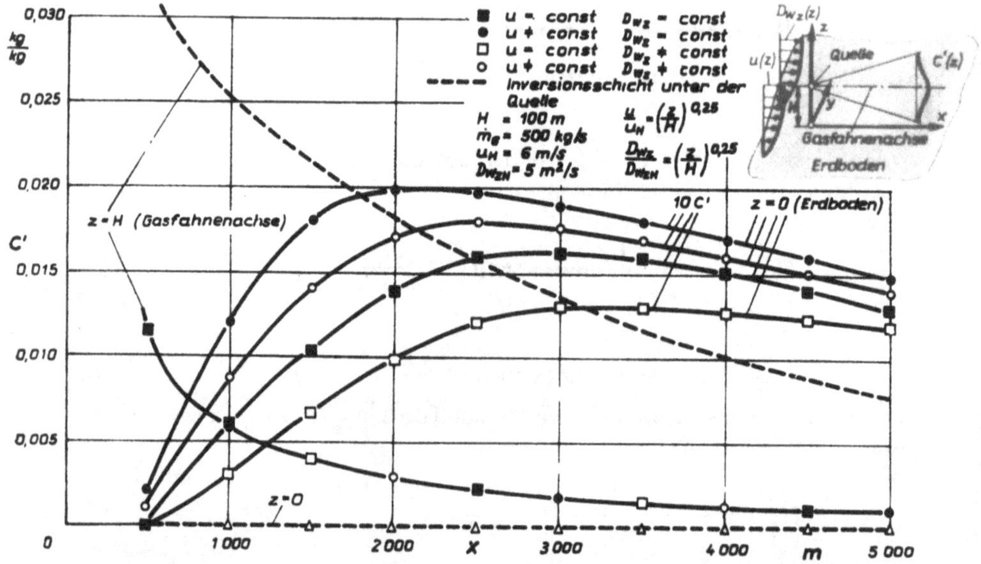

Abb. 2 Berechnete Konzentrationsverläufe für verschiedene Verteilungen von D_{wz} und u abhängig von der Höhe z. (Nach Rechnungen von B. Böhm)

schichten vorhanden sind. Das sind durch stabile Temperaturschichtung bedingte Zonen, in denen die turbulenten Bewegungen stark gedämpft werden, so daß der Diffusionskoeffizient dort sehr kleine Werte annimmt, was eine geringe Vermischung zur Folge hat. Die Konzentrationen für eine unter der Gasquelle sich befindende Inversionsschicht wurde ebenfalls zum Vergleich berechnet.

Interessant ist besonders die Tatsache, daß sich die unterschiedlichen Verteilungen der Geschwindigkeit und des Diffusionskoeffizienten (ausgenommen der Fall der Inversion) auf die Größe der Konzentration in der Gasfahnenachse kaum bemerkbar machen, dagegen wird die Bodenkonzentration stark beeinflußt. Abb. 3 zeigt den Verlauf der berechneten Konzentrationen über der Höhe z und bestätigt den Einfluß verschiedener Geschwindigkeits- und Diffusionsparameter-Verläufe im Bereich der größeren Gradienten dieser Verteilungen.

Bei der Inversionsschicht unterhalb der Quelle wird die Ausbreitung zum Erdboden hin so stark durch die geringe Vermischung in der Inversionsschicht behindert, daß bis zu 5 km hinter der Quelle noch immer die Bodenkonzentration Null auftritt. Dafür ist natürlich die Konzentration entlang der über der Inversionsschicht liegenden Gasfahnenachse wesentlich höher als bei neutraler

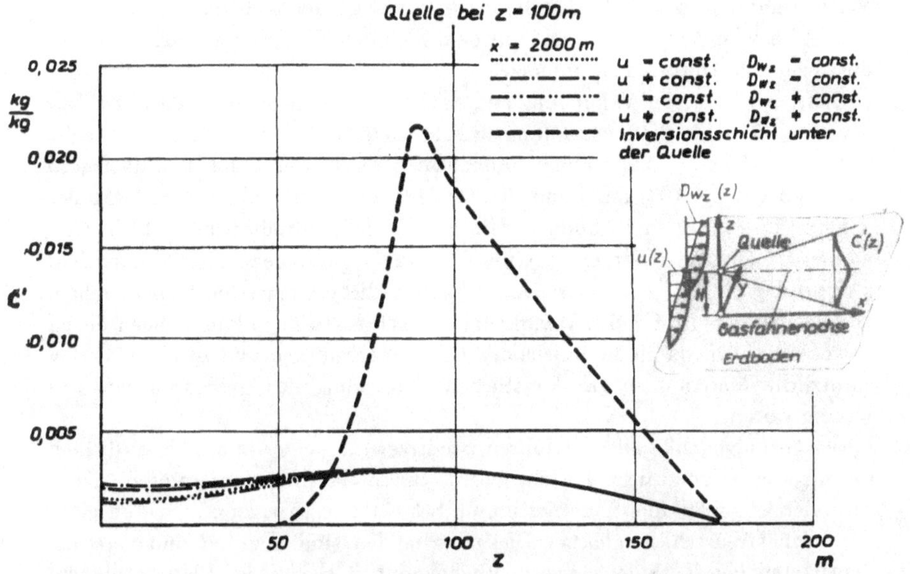

Abb. 3 Konzentrationsverlauf über der Höhe z für verschiedene Verteilungen von D_{wz} und u. (Nach Rechnungen von B. Böhm)

Schichtung. Dieses Ergebnis stimmt recht gut mit den Beobachtungen in der Natur überein. Der Vollständigkeit halber sei erwähnt, daß eine über der Quelle liegende Inversionsschicht ganz anders wirkt. Hierbei wird der Austausch nach oben behindert, so daß sich in diesem Falle eine relativ große Bodenkonzentration ergibt.

Das vorliegende Rechenprogramm zur numerischen Lösung der vereinfachten Differentialgleichung gestattet somit, den Einfluß unterschiedlicher Geschwindigkeits- und Turbulenzprofile auf die sich ausbildende Konzentrationsverteilung hinter Gasquellen beliebiger Abmessung systematisch zu untersuchen.

3. *Modellierung der bodennahen Atmosphäre im Windkanal*

Teilprobleme des komplexen turbulenten Vermischungsvorganges in der Atmosphäre können unter Beachtung der entsprechenden Ähnlichkeitsgesetze im Modellversuch gelöst werden. Ausgehend von den internationalen Erfahrungen — soweit sie in der Literatur veröffentlicht sind [6] — wurde ein spezieller Versuchsaufbau entwickelt, der die Verhältnisse in der bodennahen Erdgrenzschicht im Windkanal modelliert mit dem Ziel, den Einfluß der Orographie auf die turbulente Diffusion zu untersuchen.

Dabei wird von der Vorstellung ausgegangen, die bodennahe Erdgrenzschicht bis etwa 100 m als Plattenströmung zu behandeln, wobei im Windkanal nur die neutral geschichtete Atmosphäre untersucht wird. Ein erhöhter Turbulenzgrad von etwa 6% bis 10% am Rand der Modellgrenzschicht soll die Wirkung der höheren Luftschichten nachbilden. Um den Modellmaßstab nicht zu klein werden zu lassen und außerdem das im Windkanal auszumessende Stömungsfeld genügend groß zu erhalten, ist eine möglichst dicke Grenzschicht anzustreben. Die Verhältnisse im Großen Windkanal der TU lassen nur Plattenlängen bis zu etwa 5 m zu. Die damit zu erzielenden Grenzschichtdicken sind zu klein, so daß zusätzliche Maßnahmen zur künstlichen Verdickung der Grenzschichten notwendig waren.

Der Grundgedanke aller Verfahren zur Erzeugung einer künstlich verdickten turbulenten Grenzschicht besteht darin, durch Turbulenzgeneratoren solche Turbulenzelemente über eine bestimmte Schichthöhe zu erzeugen, wie in einer normalen Grenzschicht gleicher Dicke vorhanden sind. Es sind nun verschiedene Arten von Turbulenzgeneratoren bekannt, z. B. auf der Platte senkrecht stehende, keilförmige, parallel angeblasene Scheiben oder ein parallel zur Platte und zur Strömung angebrachtes Gitter aus Winkelprofilen. Weiterhin kann die gewünschte Grenzschichtverdickung durch Quereinblasen in die Grenzschicht erreicht werden.

Für die vorliegende Aufgabenstellung erwies sich die Erzeugung einer künstlich verdickten Grenzschicht durch ein Gitter aus Winkelprofilen — wie in Abb. 4 gezeigt — als geeignetste Möglichkeit. In Verbindung mit auf der Grundplatte aufgeklebten Rauhigkeiten ergab diese Anordnung eine befriedigende Nachbildung einer entsprechend dicken Wandgrenzschicht [5]. Die mit diesem Meßaufbau ermittelten Ergebnisse sind unter Beachtung bestimmter Ähnlichkeitsgesetze auf die Verhältnisse in der neutral geschichteten Erdatmosphäre übertragbar.

Die Ableitung der Ähnlichkeitsbeziehungen für die turbulente Vermischung in strömenden Gasen erfolgt unter der vereinfachenden Annahme, daß eine im allgemeinen mögliche Rückwirkung der turbulenten Vermischung auf das tur-

Abb. 4 Ansicht des Versuchsaufbaus im großen Windkanal der TU

bulente Strömungsfeld selbst vernachlässigt werden kann. Das führt für die Strömung zu den bekannten Ähnlichkeitsforderungen:

1. Einhaltung der geometrischen Ähnlichkeit einschließlich der relativen Rauhigkeit.
2. Die Reynoldszahl muß so groß sein, daß das Gebiet der vollausgebildeten Rauhigkeitsströmung erreicht wird. Dabei ist die künstliche Grenzschichtverdickung zu beachten.
3. Der Verlauf des Turbulenzgrades und eines Turbulenzmaßstabes muß in der verdickten Grenzschicht dem in einer normalen Plattengrenzschicht entsprechen.

In dieser Formulierung reichen die Ähnlichkeitsgesetze für die neutralgeschichtete Atmosphäre aus. Bei Vorhandensein eines nichtadiabatischen Temperaturgradienten treten zusätzlich thermisch bedingte Turbulenzeffekte auf, so daß dafür die Reynoldszahl allein als Ähnlichkeitsbedingung nicht ausreicht.

Zur Ableitung der Ähnlichkeitsgesetze für die turbulente Vermischung wird ausgegangen von der Fourierschen Transportgleichung. Um die Gleichung in dimensionsloser Form zu erhalten, werden als Bezugsgrößen eingeführt:

Dw_0 — Ein passend zu wählender turbulenter Diffusionskoeffizient

$l = \sqrt{A} = \sqrt{\frac{\dot{V}_G}{u_H}}$ — eine charakteristische Bezugslänge
$\dot{V}_G$ = Gasdurchsatz der Quelle
u_H = Geschwindigkeit in Höhe der Quelle

u_0 — Eine Strömungsgeschwindigkeit an einer passenden Stelle des Strömungsfeldes

$T_0 = \frac{l}{u_0}$ — Eine charakteristische Bezugszeit

Damit erhält man die dimensionslose Diffusionsgleichung (7).

$$\frac{dC}{d(t/T_0)} = \left[\frac{Dw_0}{u_0 l}\right]\left[\frac{\delta}{\delta(x/l)}\left(\frac{Dw_0}{Dw_0}\frac{\delta C}{\delta(x/l)}\right) + \frac{\delta}{\delta(y/l)}\left(\frac{Dw_y}{Dw_0}\frac{\delta C}{\delta(z/l)}\right) + \frac{\delta}{\delta(z/l)}\left(\frac{Dw_z}{Dw_0}\frac{\delta C}{\delta(z/l)}\right)\right]. \tag{7}$$

Als Ähnlichkeitskennzahl für den Vorgang der Vermischung in strömenden Fluiden folgt somit der Ausdruck:

$$\left[\frac{u_0 l}{Dw_0}\right]. \tag{8}$$

Sollen also turbulente Diffusionsvorgänge ähnlich verlaufen, so muß neben der geometrischen Ähnlichkeit der Randbedingungen des Feldes diese Kennzahl konstant gehalten werden. Sie ist bisher noch nicht besonders benannt. Auf Grund ihrer Ableitung dürfte sie jedoch für turbulente Diffusionsvorgänge von analoger Bedeutung sein, wie die Reynoldszahl für reibungsbehaftete Strömungen. Es ist je nach Strömungstyp eine mit der molekularen Diffusionskonstanten D gebildete Kennzahl für laminare Strömung und die mit dem turbulenten Diffusionsparameter D_W berechnete für turbulente Strömungen zu unterscheiden.

Zur Reynoldszahl Re und zur Schmidtzahl Sc als Verhältnis von Zähigkeit zur Diffusionskonstanten besteht für laminare Stömung eine direkte Beziehung:

$$\left[\frac{u_0 \cdot l}{D}\right] = \left[\frac{u_0 l}{\nu}\right]\frac{\nu}{D} = Re \cdot Sc. \tag{9}$$

Für turbulente Strömungen ergibt sich analog:

$$\left[\frac{u_0 l}{Dw_0}\right] = \left[\frac{u_0 l}{\nu}\right]\frac{\nu}{Dw_0} = Re\frac{\nu}{Dw_0}. \tag{10}$$

Wertet man Angaben von Siemens [7] über das Verhältnis D_{w_0}/ν in einer turbulenten Plattenströmung aus, so erhält man dafür die Ähnlichkeitskennzahl der Vermischung zu etwa 100 bis 700, wenn als Bezugswerte die Grenzschichtdicke, die Geschwindigkeit am Grenzschichtrand und ein über der Grenzschicht gemittelter turbulenter Diffusionskoeffizient gewählt werden. Dabei ist dieser Wert vor allem abhängig von der Rauhigkeit und dem Schichtungszustand, geringfügig auch von der Reynoldszahl [5].

4. Untersuchungen zum Einfluß der Rauhigkeit auf die Vermischung in einer Grenzschicht

Der Verlauf des zeitlichen Mittelwertes der Strömungsgeschwindigkeit in der Grenzschicht läßt sich abhängig von der Rauhigkeit der umströmten Oberfläche für eine Plattenströmung berechnen, während Angaben über den Turbulenzzustand in der Grenzschicht bisher nur experimentell ermittelt werden können. Hierbei sind besonders die Kenntnisse über den Verlauf eines die Vermischung charakterisierenden Längenmaßstabes noch sehr lückenhaft, aber auch die Abhängigkeit des Turbulenzgradverlaufs in der Grenzschicht von der Rauhigkeit ist bisher nur unvollkommen bekannt.

Bei Beschränkung auf eine neutrale Schichtung der Strömung — d. h., thermische Effekte beeinflussen den Turbulenzzustand nicht — vereinfachen sich die für die bodennahe Schicht der Atmosphäre gültigen Ansätze für das Geschwindigkeitsprofil zu dem bekannten logarithmischen Gesetz oder dem Exponentialprofil.

Ausgehend von diesen Beziehungen lassen sich die Impulsverlustdicke, die Verdrängungsdicke und der Formparameter als Verhältnis der Verdrängungsdicke zur Impulsverlustdicke berechnen. Dabei kann für viele Fälle vereinfachend eine voll ausgebildete Rauhigkeitsströmung angenommen werden, d. h., die Rauhigkeiten ragen bis in das Gebiet der vollturbulenten Grenzschicht hinein. Über eine Beziehung zwischen der dimensionslosen Schubspannung und der relativen Rauhigkeit kann der Exponent n des Exponentialansatzes in Abhängigkeit von der relativen Rauhigkeit k_s/δ für jeden Punkt der Grenzschicht berechnet werden. Damit lassen sich auch für das Exponentialprofil die Grenzschichtparameter als Funktion der relativen Rauhigkeit angeben.

Um den Einfluß der Rauhigkeit auf die turbulenten Schwankungsbewegungen zu untersuchen, wurden entsprechende Messungen mit Hitzdrahtsonden bei unterschiedlicher Turbulenz der Strömung am Grenzschichtrand durchgeführt.

Direkte Messungen des Konzentrationsfeldes hinter eine Gasquelle in der Nähe einer rauhen Platte brachten weitere Fakten, um die Wirkung der Rauhigkeit einschätzen zu können. Der Versuchsaufbau war der gleiche wie bereits für die Messungen im Windkanal beschrieben. Als Meßgas diente wiederum CO_2. Die Konzentrationsmessung erfolgte mit Hilfe eines Interferometers an einem aus dem Strömungsfeld abgesaugten Teilvolumen. In Abb. 5 sind die

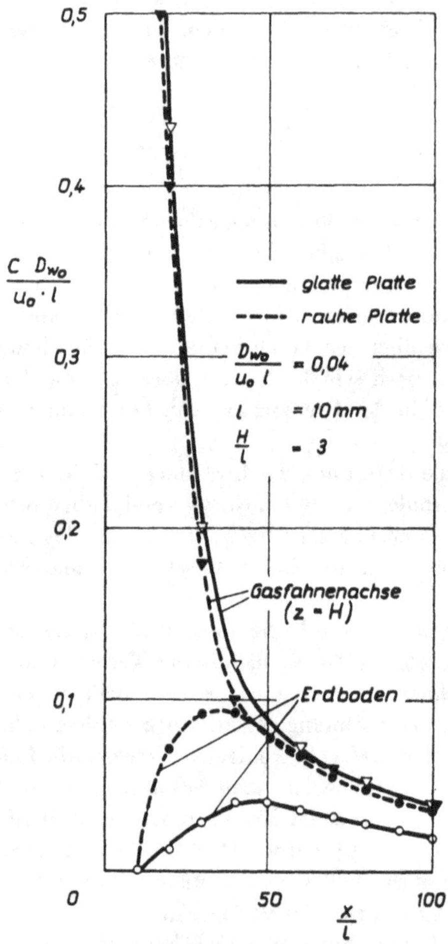

Abb. 5 Vergleich der gemessenen Konzentrationsverteilung hinter einer Punktquelle über einer rauhen und glatten Platte. (Nach Messungen von A. Jenak)

Verläufe der gemessenen Konzentrationsverteilungen am Boden und in Höhe der Gasquelle dargestellt im Vergleich zu Meßwerten über einer glatten Platte. In der gewählten normierten Darstellung sind die Ergebnisse auf andere Größenverhältnisse übertragbar, wenn die Bedingungen in der Grenzschicht ähnlich sind, d. h. also auch auf die Verhältnisse in der bodennahen Atmosphäre. Die Volumenkonzentration ist dabei auf die Ähnlichkeitszahl der Diffusion $\left[\frac{u_0 l}{Dw_0}\right]$ und die geometrischen Abmessungen auf die Bezugslänge l bezogen. D_{w_0} ist hierbei ein durch Vergleich mit einer geschlossenen Lösung für diese

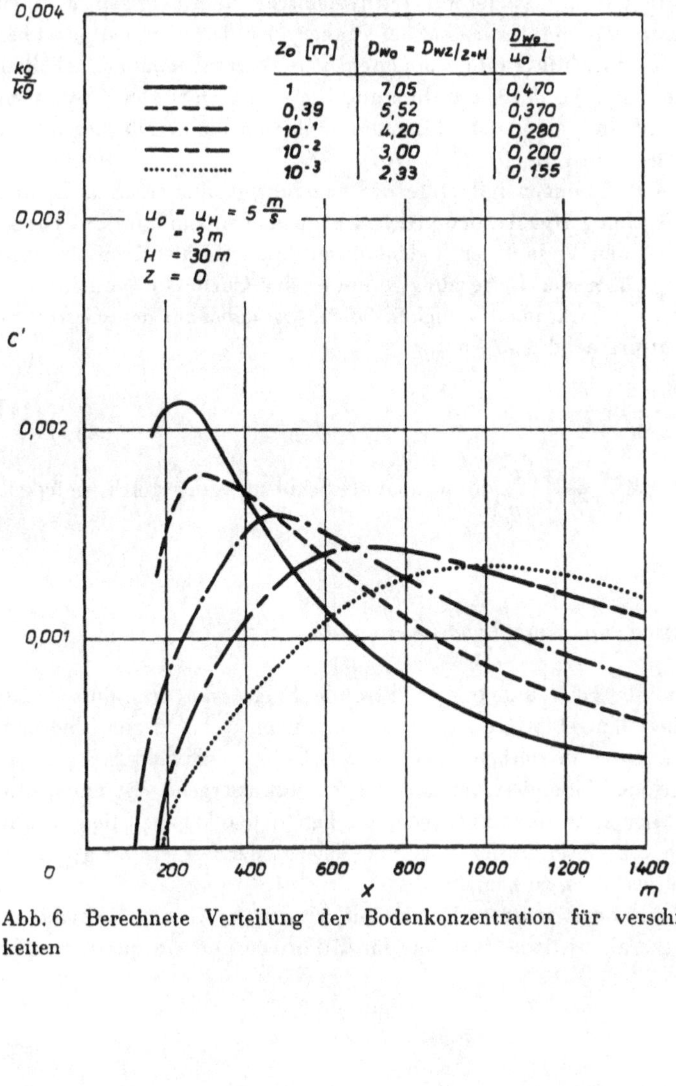

Abb. 6 Berechnete Verteilung der Bodenkonzentration für verschiedene Rauhigkeiten

Randbedingungen gewonnener mittlerer turbulenter Diffusionsparameter, während die Bezugslänge l als Wurzel der fiktiven Quellenfläche die Verhältnisse der Quelle charakterisiert. Aus Zweckmäßigkeitsgründen entspricht die Bezugsgeschwindigkeit u_0 der Geschwindigkeit u_∞ am Grenzschichtrand. Bei mittleren Verhältnissen in der Atmosphäre ergibt sich für diese Messungen ein Modellmaßstab von etwa 1 : 500, d. h., die Bezugslänge l wäre in der Atmosphäre 5 m (bei $D_{W_0} = 2{,}0\,m^2/s$ $u_0 = 10\,m/s$) und die Quellhöhe demnach 15 m.

Während die Rauhigkeit auf die Konzentration in Höhe der Quelle nur geringen Einfluß ausübt, ist die für lufthygienische Beurteilungen wichtige Maximalkonzentration am Erdboden bei rauher Oberfläche größer als über glatter Fläche. Offensichtlich führt die intensivere Vermischung bei erhöhter Rauhigkeit dazu, daß bei der Gasausbreitung hinter der Quelle der Erdboden eher erreicht wird und somit das Maximum weiter an die Quelle heranrückt und zugleich stärker ausgeprägt ist.

Systematische Rechnungen mit Hilfe der angeführten numerischen Lösung der Diffusionsgleichung ergaben den gleichen prinzipiellen Einfluß der Rauhigkeit. Abb. 6 zeigt den Verlauf der Bodenkonzentration C′ (als Massenkonzentration in kg/kg) über der Entfernung x hinter der Quelle für verschiedene Rauhigkeiten z_0. Die wirksame Rauhigkeitshöhe z_0 ist dabei aus dem Geschwindigkeitsprofil entsprechend dem Ansatz

$$\frac{u}{c_\tau} = \frac{1}{\varkappa} \ln \frac{z}{z_0}. \qquad (11)$$

bestimmbar, wobei $c_\tau = \sqrt{\frac{\tau}{\varrho}}$ die sogenannte Schubspannungsgeschwindigkeit darstellt.

5. Untersuchungen zum Einfluß von Tälern und Bergen

Querdurchströmte Täler und querangeströmte Bergrücken beeinflussen das Windfeld in ihrer Umgebung relativ stark, vor allem, wenn es zur Ablösung der Strömung kommt. In solchen Fällen läßt sich die Geschwindigkeitsverteilung nicht berechnen, besonders der Zustand im Totwassergebiet ist nur qualitativ bekannt. Hier kann das Experiment die benötigten Angaben liefern, um die Ausbreitung von Gasen in der Nähe von Tälern oder Bergen mit genügender Genauigkeit verfolgen zu können.

Mit dem bereits beschriebenen Meßaufbau wurden im Großen Windkanal der TU einige charakteristische Beispiele für Talformen und ein querliegender

Bergrücken mit halbkreisförmigem Querschnitt untersucht. Unterschiedliche Hangneigungen der Täler bildeten verschiedene relative Taltiefen nach und gestatteten sowohl Täler ohne größere Ablösung der Strömung und mit vollabgelöster Strömung zu untersuchen. Außerdem erfolgte die Gaszuführung an verschiedenen Stellen im Tal und vor dem Tal.

Zur visuellen Veranschaulichung zeigt die Abb. 7 die durch Raucheinblasung sichtbar gemachte Vermischung hinter einem querangeströmten halben Kreis-

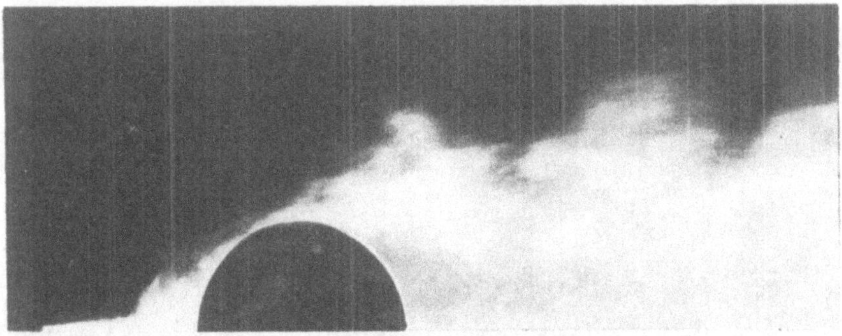

Abb. 7 Vermischung hinter einem querliegenden halben Kreiszylinder. (Nach Messungen von G. Schlanzke)

zylinder. Die Einblasung erfolgte mit einem gewissen Ausblasimpuls in Strömungsrichtung vor dem Zylinder. Dadurch gelangt der Rauch nach Umströmen des Zylinders unmittelbar in das Totwassergebiet, d. h., das verwirbelte Gebiet abgelöster Strömung füllt sich mit Rauch auf. Abb. 8 zeigt dagegen das ausgemessene Konzentrationsfeld für die Gaseinblasung vor dem Zylinder quer zur Strömung. Damit wird ein Schornstein entsprechender Höhe nachgebildet. Im Leegebiet ist die Konzentration unmittelbar hinter dem Halbzylinder Null und steigt nur bis auf geringe Werte am Boden an, während die Rauchfahnenachse — gekennzeichnet durch den Ort der jeweils größten Konzentration in einem Querschnitt — über die Bodenstörung hinweg verläuft. Der Vergleich mit der darüber gezeigten Verteilung über der glatten Platte läßt außerdem erkennen, daß die erhöhte Vermischung im Randgebiet des Nachlaufes zu einem schnelleren Abbau der Konzentrationen hinter dem Halbzylinder gegenüber der ungestörten Strömung führt. Beim Einblasen des Gases unmittelbar in das Totwassergebiet wären die Verhältnisse dagegen völlig anders, da in diesem Falle der geringe Abtransport des Gases aus dem Wirbelgebiet lange Aufenthaltsdauer der Gasteilchen und damit hohe Konzentrationen im Totwassergebiet ergibt. Geht man wieder von einem Modellmaßstab 1 : 500 und mittleren Wer-

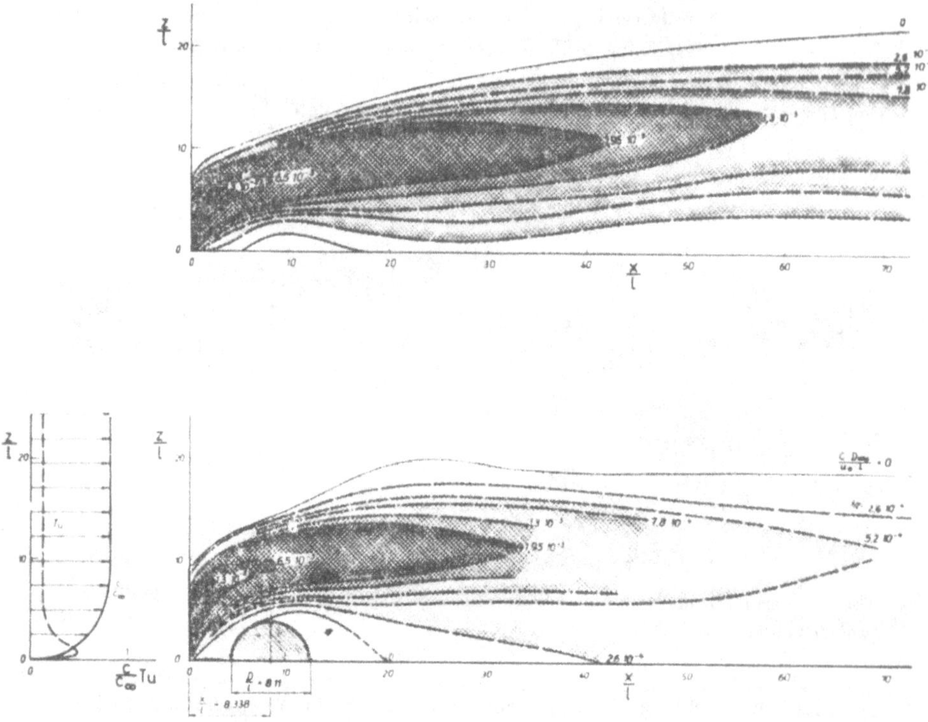

Abb. 8 Gemessenes Konzentrationsfeld beim Einblasen kurz vor einem querliegenden halben Kreiszylinder. (Nach Messungen von G. Schlanzke)

ten in der Atmosphäre aus ($D_{w_0} = 7\ m^2/s$, $u_0 = 6\ m/s$, $l = 9\ m$), so beträgt die Höhe des Burgrückens etwa 36 m, und das Gas strömt etwa 75 m vor dem Kamm aus.

Abb. 9 zeigt die Vermischung in der Nähe eines querangeströmten stehenden Kreiszylinders, wo die Gaszufuhr zwar ebenfalls vor dem Zylinder erfolgte, aber auf Grund des dreidimensionalen Strömungsfeldes die Konzentrationsverteilung stärker von dem ungestörten Fall abweicht. Durch intensivere Vermischung quer zur Erdoberfläche erreicht die Bodenkonzentration relativ hohe Werte und außerdem erstreckt sich das Konzentrationsfeld über die gesamte Höhe des umströmten Zylinders. Diese Ergebnisse sind z. B. für die Einschätzung von Schadgasverteilungen in der Umgebung von Hochhäusern von Bedeutung. Im speziellen Beispiel hätte der Zylinder etwa 45 m Durchmesser, 150 m Höhe, und die Gaszufuhr erfolgt etwa 50 m vor dem Zylinder.

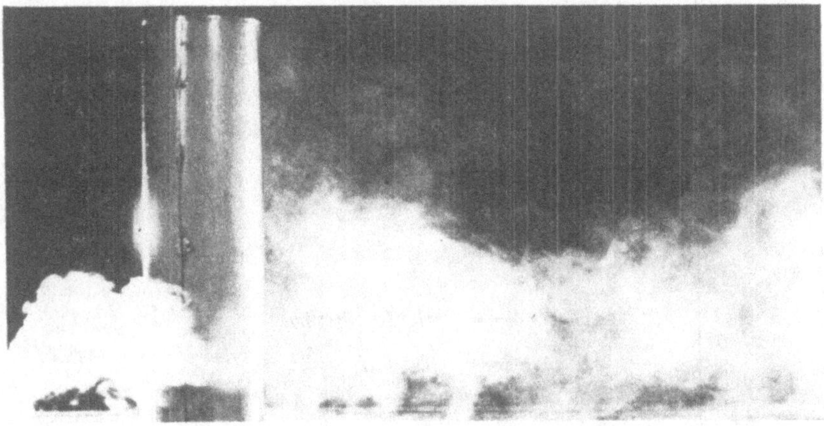

Abb. 9 Vermischung hinter einem querangeströmten Kreiszylinder. (Nach Messungen von G. Schlanzke)

Aus den untersuchten Talvarianten sind in Abb. 10 die gemessenen normierten Konzentrationsverläufe entlang der Gasfahnenachse und am Erdboden für Täler mit 10° und 15° Hangneigung im Vergleich zur glatten Platte aufgetreten. Bei 10° Hangneigung tritt nur eine ganz geringe örtliche Ablösung auf, so daß der Verlauf auf der Gasfahnenachse mit dem über der glatten Platte übereinstimmt, allerdings sind die Konzentrationen am Erdboden des Tales fast nur halb so groß wie an der ebenen Platte. Das 15°-Tal zeigt bereits beginnende größere Ablösungen, so daß durch auftretende Verwirbelungen die Verhältnisse stärker gestört werden. Rechnet man die untersuchten Modelltäler um auf die Originalverhältnisse in der Natur, so beträgt die obere Talbreite etwa 375 m und die Taltiefen etwa 30 m bis 40 m.

Die nächsten zwei Abbildungen vermitteln einen qualitativen Eindruck über die Ausbreitungsverhältnisse bei querangeströmten tiefen Tälern. Hier löst die Strömung unmittelbar am Beginn des Hanges ab, und das Totwassergebiet füllt das gesamte Tal mit mehr oder weniger intensiver Wirbelströmung aus. Abb. 11 zeigt den Zustand, wenn sich die Quelle im Talgrund befindet. Es kommt zu hohen Konzentrationen im Tal, da nur im Grenzgebiet zur gesunden Strömung über dem Tal ein Abtransport von Gas erfolgt. Soll das Talgebiet völlig gasfrei bleiben, so muß, wie in Abb. 12 gezeigt, das Gas mit Hilfe eines relativ hohen Schornsteines in die gesunde Strömung über dem Tal eingeblasen werden. Die Schornsteinmindesthöhe ist von der Talgeometrie und von der Höhe der zulässigen Bodenkonzentration im Bereich des Tales und hinter dem Tal abhängig.

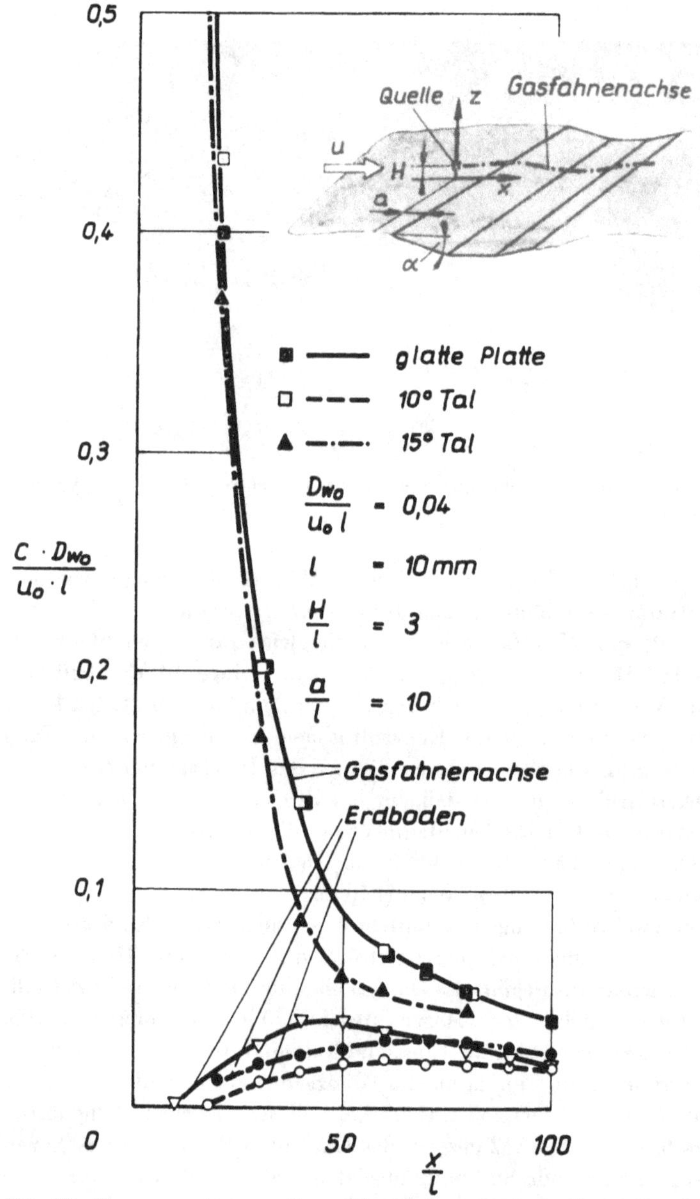

Abb. 10 Konzentrationsverteilung hinter einer Punktquelle im Bereich eines Tales mit schwacher Neigung im Vergleich zur glatten Platte. (Nach Messungen von A. Jenak)

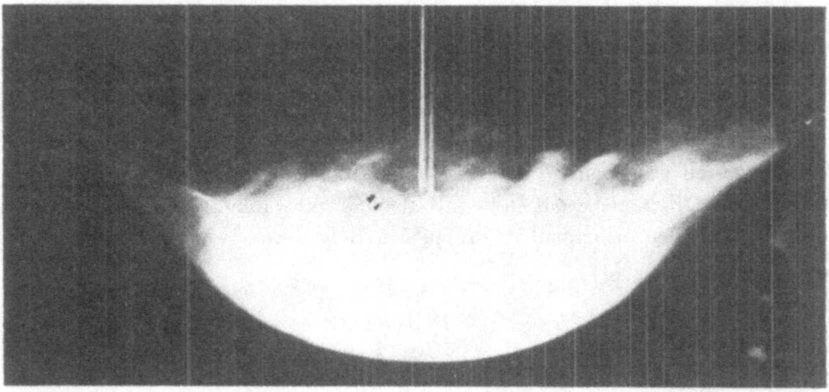

Abb. 11 Vermischung in einem querangeströmten tiefen Tal (Gasquelle am Talgrund)

Abb. 12 Vermischung in der Nähe eines querangeströmten Tales

6. Zur Wirkung der Temperaturschichtung

Wie in der Einleitung angedeutet, kann bei sehr geringen Windgeschwindigkeiten und stark stabiler Temperaturschichtung die Turbulenz völlig erlöschen. Auf diesen Umstand wies bereits Prandtl hin, als er das „Einschlafen des Windes" an heiteren Abenden durch eine stark stabile Schichtung in Erdbodennähe erklärte. Stabilitätsuntersuchungen dichtegeschichteter Strömungen sind demnach für den Meteorologen und Strömungstechniker von praktischer Bedeutung. Außerdem wäre es außerordentlich wichtig, die Auswirkung verschiedener Schichtungszustände auf die turbulente Vermischung quantitativ genauer zu kennen.

Ein speziell aufgebauter Versuchsstand ermöglicht Messungen zum Einfluß eines Dichtegradienten auf die turbulenten Schwankungsbewegungen. Die Abb. 13 zeigt den prinzipiellen Aufbau der Meßstrecke. Über ein Gebläse wird

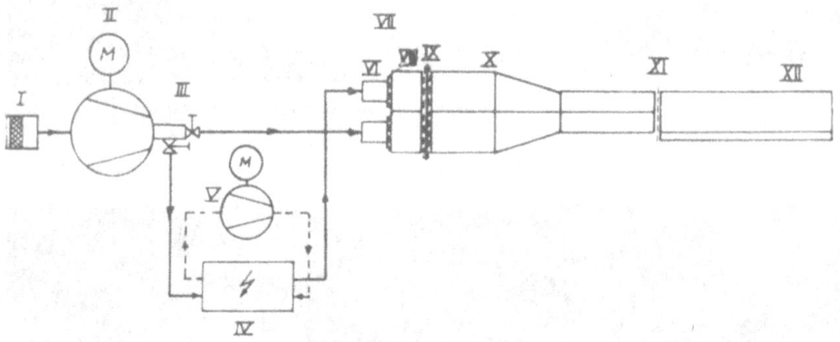

Abb. 13 Prinzip des Versuchsstandes zur Untersuchung dichtegeschichteter Strömungen

I	Ansaugfilter	VII	Filter
II	Radiallüfter LRH 125/1 W	VIII	Vorkammer
III	Verteilerkasten	IX	Filterpackung
IV	Heizgerät	X	Strömungskanal
V	Radiallüfter	XI	Turbulenzsieb
VI	Übergangsstück	XII	Meßkanalstrecke

Luft angesaugt, deren einer Teilstrom aufheizbar ist. In Verbindung mit einer gekühlten oder geheizten Platte am Boden der Meßstrecke lassen sich durch Überlagerung des kalten und warmen Luftstromes unterschiedliche Temperaturverteilungen im Strömungsfeld der Meßstrecke erzeugen. Die Abb. 14 vermittelt einen optischen Eindruck von der unterschiedlichen Vermischung in einer Strömung mit stabiler (oben), neutraler (Mitte) oder labiler Temperaturschichtung (unten). Je nach der Wirkung der Dichteschichtung wird der Rauchstrahl mehr oder weniger stark aufgefächert, d. h., die Vermischung ist stärker oder schwächer.

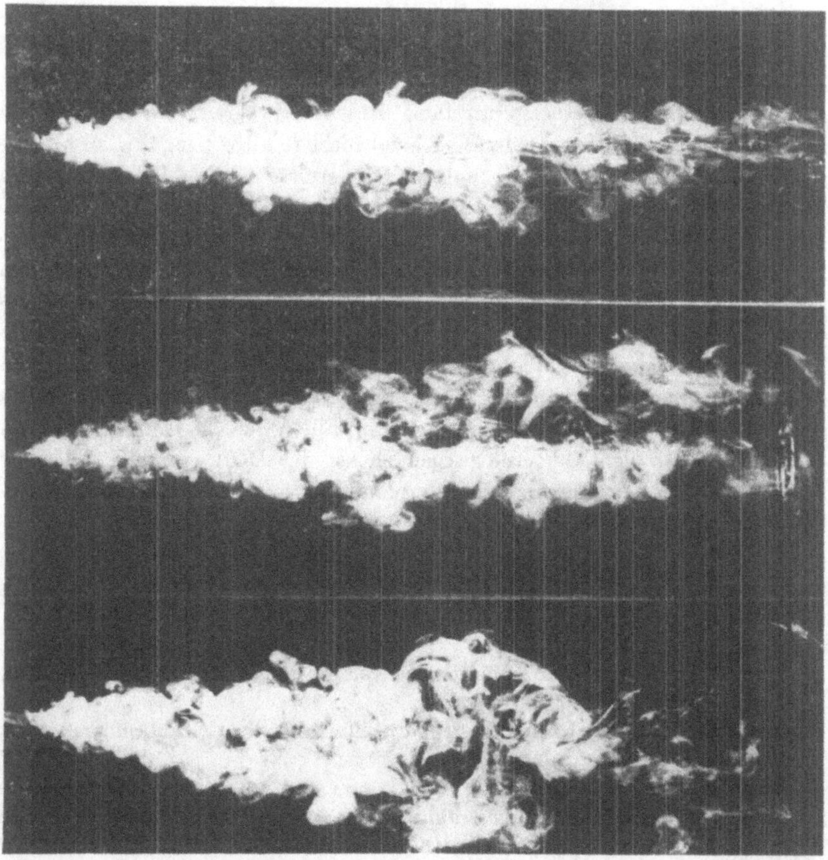

Abb. 14 Durch Rauch sichtbar gemachte Vermischung bei unterschiedlichem Schichtungszustand: oben stabil, Mitte neutral, unten labil. (Aufnahmen von E. Arends)

7. *Zusammenfassung*

Wegen der Vielfalt der Probleme konnte nur auf einige Aspekte bei der Ausbreitung von Gasen in der Atmosphäre eingegangen werden. Neben einer numerischen Lösung der Diffusionsgleichung für die Verhältnisse in der bodennahen Atmosphäre wurde ein geeigneter Versuchsaufbau zur Nachbildung der bodennahen Erdgrenzschicht für neutrale Schichtung entwickelt. Aus den Ähnlichkeitsbedingungen für turbulente Diffusion ließen sich die zur Umrechnung von Modellmessungen benötigten Modellgesetze ableiten, wobei als Ähnlichkeitskriterium eine modifizierte Kennzahl der turbulenten Diffusion auftritt.

Der Einfluß von Bodenrauhigkeiten auf die Gasausbreitung ließ sich relativ geschlossen und verallgemeinerungsfähig darstellen, während die Wirkung von Einzelhindernissen (Berge, Täler, Gebäude) nicht so allgemeingültig zu berücksichtigen ist. Für verschiedene typische Hindernisse liegen Modellmessungen über die Vermischung vor, die mit Hilfe der abgeleiteten Ähnlichkeitsbeziehungen auf bestimmte Ausbreitungsfälle in der Natur übertragbar sind. Erste Ergebnisse von Untersuchungen an einem speziellen Versuchsstand lassen den Einfluß der Dichteschichtung auf die turbulente Vermischung qualitativ erkennen.

Die so gewonnenen Ergebnisse von Grundlagenuntersuchungen einer kleinen Arbeitsgruppe am Windkanal der TU Dresden finden bereits jetzt in der Praxis Anwendung. So werden z. B. Interpretationshilfen für die Anfertigung von Gutachten durch den Meteorologischen Dienst der DDR erarbeitet oder die Ausbreitungsbedingungen für konkrete Standorte von Schadgasemittenten eingeschätzt.

Literatur

[1] Pasquill, F.: Atmospheric Diffusion, D. van Nostrand Company Ltd. London, Toronto, New York 1962.

[2] Berljand, M. E.: K teorii turbulentnoj diffusii. Trudy GGO, Leningrad 1963, Heft 183, S. 31.

[3] Berljand, M. E., E. L. Genikovič, W. P. Loškina und P. I. Onikul: Čislennoje reščenije uravnenija turbulentnoi diffusii i rasčet sagrjasnenija atmosfery vblisi promyšlennych predprijatij. Trudy GGO, Leningrad 1963, Heft 138, S. 3.

[4] Albring, W.: Zusammenhang eines Wahrscheinlichkeitsalgorithmus für tubulentes Mischen mit der Differentialgleichung. Informationen der TU Dresden Nr. 12-1-74.

[5] Ihlenfeld, H.: Untersuchungen zum Einfluß der Rauhigkeit und der Oberflächenstruktur auf die Ausbreitung von Gasen in der bodennahen Atmosphäre. Unveröffentl. Bericht der Sektion Energieumwandlung — Bereich Strömungstechnik — der TU Dresden, 1975.

[6] Gorlin, S. M.: Eksperimentalnaja Aeromechanika. Moskau.

[7] Siemens, H.: Experimentelle Untersuchungen zum Einfluß der Reynoldszahl auf die turbulente Vermischung. Dissertation, TU Dresden 1976.

FSC
www.fsc.org
MIX
Papier | Fördert
gute Waldnutzung
FSC® C083411

Kolibri 360 GmbH
Ferdinand-Jühlke-Straße 7
99095 Erfurt, Deutschland
produktsicherheit@kolibri360.de